KB055336

모든 공간에는
비밀이 있다

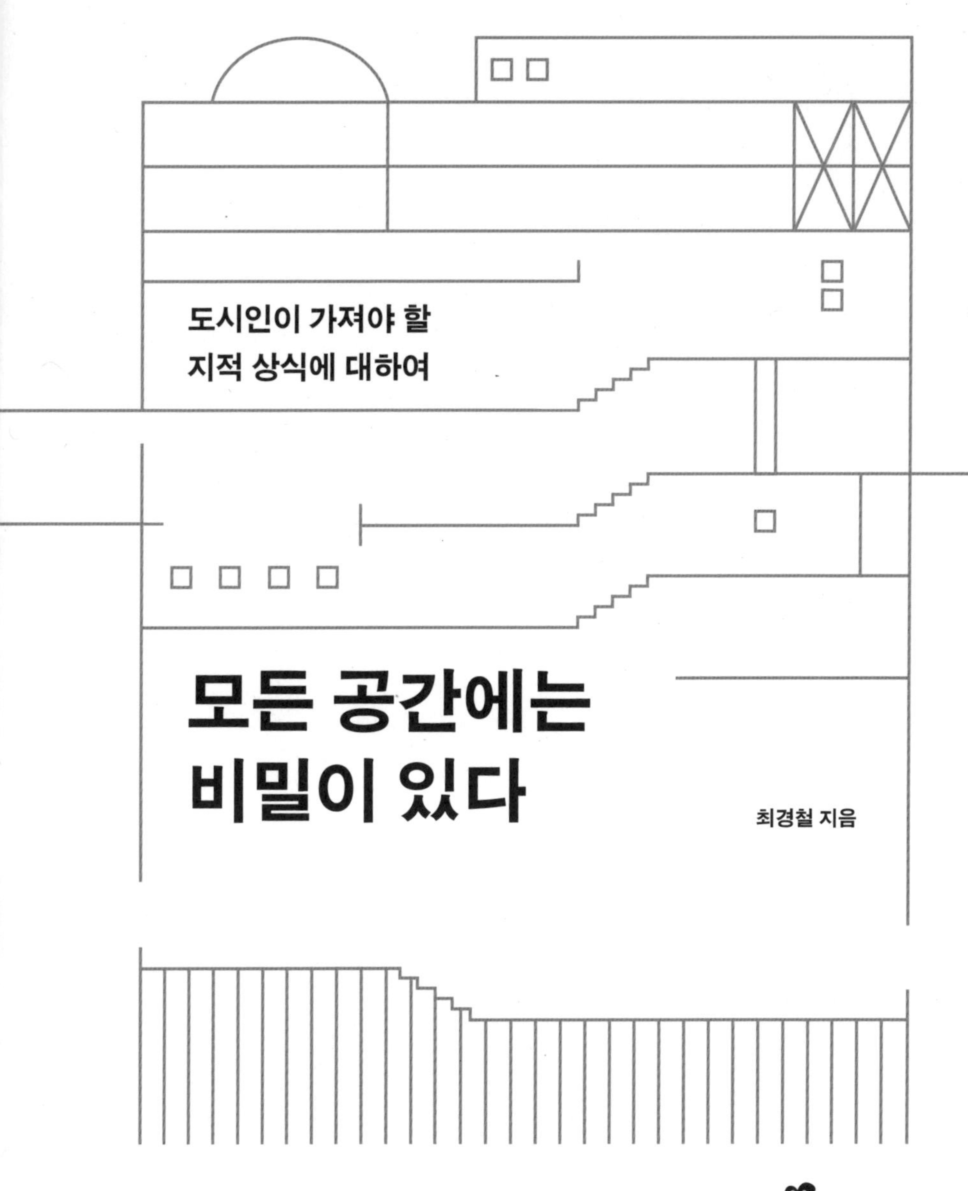

도시인이 가져야 할
지적 상식에 대하여

모든 공간에는 비밀이 있다

최경철 지음

whale books

저자의 말

우연한 계기로 런던 유학 시절의 가이드 경험과 건축 전공을 살려《유럽의 시간을 걷다》를 출간했다. 2016년의 일이다. 이 책은 서유럽을 중심으로 서양 건축사의 흐름을 정리했다. 역사를 다루다 보니 목차는 자연스럽게 '시대 순서'라는 명확한 방향성을 갖게 되었다. 시대별로 가상의 인물을 만들어 소설의 형식도 더했다. 독자들로부터 큰 관심을 받았다. 무명작가인 나로서는 예상하지 못했던, 그래서 더욱 감사한 일이었다.

다음 책을 구상하는 시점이 되자 전작에서 다룬 '유럽의 역사'라는 주제는 어쩌면 우리의 현재와는 멀리 떨어져 있는 것은 아닌지 고민하게 되었다. 우리의 삶과 밀접하게 연관된 도시와 건축 그리고 공간을 이야기하고 싶다는 생각이 깊어졌다.

다시 글을 쓰기 시작했다. 수많은 소재를 머리에 떠올리며 가능성을 타진했다. 건축사의 거대 서사와 역사로 남아 있지 않던 인류학적 발견을 포함한 이야기를 떠올렸다. 목차를 구성하고 쓰기를 반복했다. 무수히 많은 낮과 밤이 지나고 이야기에 생명력이 깃들면서 점차 진화했다. 시대와 지역을 넘나드는 거대한 서사를 소거하니 나의 이야기만 남았다. 생각해보면 우리가 그 누구보다 잘 쓸 수 있는 글은 나의 경험과 생각이 담긴 글이지 않은가. 그렇게 남긴 나의 이야기가 보편의 이야기로 나아가길 바랐다.

이 책에 담긴 글을 쓰는 데 큰 도움을 준 작가는 '발터 벤야민'이다. 그는 나치 정권 하에 있었던 베를린의 유년 시절을 회상하는 산문을 썼다. 그의 글은 한 개인이 가진 유년 시절의 '기억'이 어떻게 '역사'로 확장될 수 있는지를 보여준다. 급변하는 역사의 흐름 속에 서 있던 한 개인의 경험은 다분히 역사적일 수밖에 없을 것이다. 글을 쓰면서 끊임없이 되뇌었던 것은 나의 이야기가 반드시 많은 사람이 공감할 수 있는 사회적, 역사적 맥락으로 흘러가야 한다는 점이었다. 그렇게 나만의 '발터 벤야민적' 글쓰기가 시작됐다. 그래서 모든 글의 도입은 오랜 기억과 최근의 경험이 뒤섞인 나의 이야기로 시작한다. 그리고 보편의 지식으로 연결된다.

이 책은 개인의 경험을 사회와 역사적 경험으로 확장시키기 위해 3단계로 구성되었다. 나의 개인적 경험으로 시작한 에세이는 우리가 고민해볼 만한 사회적 담론 그리고 던질 수 있는 질문으로 전환된다. 그리고 그 담론과 질문에 답이 될 수 있는 대안을 모았다.

책의 구성은 모두 3부로, 도시와 건축, 개인과 공간, 영감의 원천 순이다. 순서는 보편적인 도시의 영역에서 개인의 공간을 거쳐 영감에 이르기까지 커다란 단위에서 점차 작은 단위로 집중하는 구조다. 1부는 공감의 폭이 넓은 소재인 도시와 건축으로 출발한다. 우리 주변의 도시와 건축뿐만 아니라 공공의 영역에서 생각해봐야 할 담론을 이야기한다. '공공 건축은 무엇을 배려해야 하는가?', '도시에 어떻게 공원을 만들까?', '도시의 아픔은 무엇으로 치유하는가?', '죽음에는 어떤 집이 필요한가?' 등의 질문에 답한다. 2부의 소재는 개인이 경험할 수 있는 공간을 다룬다. '집은 무엇인가?'로 시작해 '개인에게는 어떤 방이 필요한가?', '당신의 내밀한 공간은 어디인가?', '분위기는 무엇으로 만드는가?'와 같은 사소하지만 중요한 개인의 공간에 대한 질문에 답한다. 3부는 공간과 건축에서 마주치게 되는 영감의 순간을 다룬다. 자유, 기억, 우연과 같은 모호한 단어가 어떻게 우리에게 영감을 주는지 살펴봤다. 책을 읽는 데 순서는 없다. 편하게 책장이 넘어가는 대로 손에 짚이는 대로 글을 읽어나가면 된다.

책의 주인은 이제 내가 아니라 당신이다. 글을 읽다가 불현듯 어린 시절의 할머니의 집을 떠올리기를, 인상 깊게 보았던 이름 모를 건축과 공간과 함께 있었던 사람을 떠올리기를, 자주 다니는 산책길을 걷다가 벽돌이 차곡차곡 쌓인 담장을 뒤덮고 있는 넝쿨에서 시간의 흔적을 발견하기를, 건축가가 건물에 숨겨둔 비밀들을 하나씩 발견해 나가기를, 도시와 건축이 나의 삶에 어떤 영향을 끼치고 있는지 잠시 생각해 보기를. 그래서 이 책이 내 손을 떠나 오롯이 당신의 것이 되었으면 한다.

당신의 도시, 건축 그리고 공간이 만들어지길 바란다.

2019년 11월 서울 연희동에서

최경철

차례

3부 영감의 원천 _ 건축가를 깨어나게 하는 순간에 대해서

1부

도시와 건축

두 건축가 이야기

건축은 필연의 산물일까, 우연의 발견일까?

"어떤 건축가를 좋아하세요?" 내가 가장 자주 받는 질문 중 하나다. 의외로 건축에 관심이 적은 사람이나 이제 막 건축에 관심을 둔 사람이 이와 같은 질문을 한다. 쉬운 질문 같지만 대답은 간단하지 않다. 어떤 건축가에 대한 호감을 밝히는 일은 건축가의 세계관과 지향하는 방향을 알 수 있는 중요한 단서이기 때문이다. 나는 위의 질문에 단순하게 작가의 이름을 언급하기보다는 학창 시절 경험한 두 건축가의 대조적인 관점으로 대신하곤 한다. 강연을 통해 알게 된 두 건축가의 언어가 아직까지도 나의 뇌리에 남아 사고하는 과정에 영향을 미치고 있기 때문이다.

두 건축가를 만난 건 매 학기 유명 건축가를 초청해 강연하는 프로그램을 통해서였다. 둘 모두 한국 사회에서 명망이 높은 건축가였다. 건축가 A는 우리나라 건축계의 원로이면서 현직 건축가였고 건축인 사이에서 유명한 4·3 그룹의 일원이기도 했다. 4·3 그룹은 1990년대에 건축을 하나의 문화로 이야기하기 위해 젊은 건축가 13명이 모여 만든 비평·건축 답사 집단이다. 멤버의 면면을 보면 승효상, 조성룡, 민현식, 김인철 등 현재 한국 건축계에서 가장 권위를 인정받는 분들로 구성되어 있다.

건축가 A는 1시간여 동안 특유의 강단 있는 목소리로 자신의 작품을 설명했다. 그에게 건축은 사고와 의식 세계가 온전히 반영된 완전무결한 존재인 듯했다. 그가 생각한 건축은 건축가의 의도가 반영된 완벽한 피사체이므로 의도가 없거나 불확실한 것은 없었다. 그의 언어를 확실하게 인지하게 된 시점은 질의응답 시간이었다. 한 학생이 질문했다. "선생님 강연 잘 들었습니다. 그렇다면 혹시라도 계획 당시에는 어떤 의도를 갖지 못했다가 건물이 지어지는 과정 혹은 지어지고 나서 발견하게 된 새로운 공간은 없나요?" 학생의 질문이 끝난 뒤 정적이 이어졌다. 이 학생도 강연 내내 그의 건축에는 빈틈없는 완벽한 이상만이 숨쉬고 있다는 이야기의 결을 읽었음이 분명해 보였다. 건축가 A의 얼굴은 학생의 질문이 몹시 못마땅한 것이었음을 짐작하게 했다. 표정이 굳었고 조금 더해 불쾌함을 느끼는 것처럼 보였다. 이윽고 건축가 A는 강한 어조로 한 문장을 남기고 강연장을 나가 버렸다. "건축가가 의도하지 않은 공간은 없습니다!"

시간이 많이 흘러 버린 기억이기 때문에 많은 부분 내가 생각하는 대로 각색되었을 것이다. 나는 건축가 A가 이해되면서도 완벽함을 추구하고 한 치의 오차도 받아들일 수 없는 천재적 인간의 한 단면을 본 것만 같았다. 하지만 나는 인간이다. 실수하는 동물이고 실수를 통해 인식의 세계는 점점 넓어진다. 때문에 깊은 골짜기에 빠져 헤어 나올 수 없을 때도 있지만 그렇게 경험의 세계를 넓혀 나간다. 나는 건축가 A의 태도가 부럽기도 하면서 동시에 불편했다. 이해가 가면서도 공감은 되지 않았다. 의도와 실재는 어긋날 수도 있지 않나. 이건 정말이지 옳고 그름의 문제는 아니지 않은가. 물론 그 강연을 통해 어느 건축학도는 그의 강단과 올곧음에 반했을 수도 있다.

내가 건축가 A의 강연이 불편했던 이유는 이후 강연에서 만났던 건축가 B를 통해 확실히 밝혀졌다. 나의 사고는 건축가 A보다 건축가 B를 닮았기 때문이다. 건축가 B 또한 당시 유력한 건축가였다. 큰 관심을 받던 공공 청사 설계를 맡고 있었고 연배에 비해 실험적 건축을 많이 했다. 건축가 B에게도 건축가 A와 비슷한 질문이 나왔다. “생각하지 못한 좋은 공간이 있었나요?” 건축가 B는 특유의 해맑은 웃음을 지으며 말했다. “당연히 있습니다. 설계 과정에서는 기능적, 구조적 요소로서만 설계했는데 지어지는 과정에서 보니 너무 좋은 공간감이 있었습니다. 건축가가 예측을 못하는 경우, 소위 얻어걸리는 일이 많습니다. 건축주에게는 미안한 일이지만 말이죠.” 나는 건축가 B로부터 건축가의 권위 이면의 사람의 모습을 본 것 같았다.

건축가가 자신의 건축을 실물로 확인할 수 있는 것은 딱 한 번이다. 생각의 오류를 좁히기 위해 도면을 작성하고, 모형을 만들고, 3D로 확인해 보지만 실제 크기로 지을 때는 건축 과정의 가장 마지막 단계에 가서야 확인할 수 있을 뿐, 그전에는 어쩔 도리가 없다. 이런 맥락에서 건축가 B의 면모는 충분히 공감됐다. 그렇다고 설계 의도에 빈틈이 있어도 괜찮다는 결론은 단연코 아니다. 다만 나는 건축의 모든 것이 조물주가 창조한 완벽한 피조물로 비유되는 건축가와 건축의 관계를 비틀고 싶을 뿐이다. 이 사고가 나의 건축 세계와 좀 더 맞닿아 있기 때문이다.

진리에 대한 관점은 크게 두 가지로 나뉜다. 고정불변한 진리가 있다고 믿는 사람과, 진리가 없다는 것만이 진리라고 믿는 사람이다. 플라톤의 '이데아'와 아리스토텔레스의 '경험'의 관계처럼, 절대주의와 상대주의의 관계처럼, 건축가도 그렇게 나뉜다. 건축가의 사고가 반영된 건축물에 관해 극단적으로 다르게 생각하는 건축가들이 있다. 건축가 A와 B처럼 말이다. 첫 번째는 건축물은 한 치의 오차도 없이 건축가의 의지와 의도가 담긴 것이라는 태도, 두 번째는 건축도 건축가의 의도를 넘어선 불확실성의 결과물이라는 태도다. 두 태도 모두 개인이 선택할 수 있는 믿음의 영역과 같아서 참과 거짓 혹은 선과 악의 이분법의 논리로 해석할 필요는 없다.

두 건축가에 대한 단편적인 기억을 토대로 이야기를 써 내려갔지만 때론 기억의 편린이 무수히 많은 글과 말보다 정확할 때가 있다. 당신은 어느 건축가에게 좀 더 공감이 가는가? 나는 두 건축가의 태도가 본질적으로 다음의 질문과 연결되어 있다고 생각한다. 건축은 신성한 것인가, 아니면 인간이 삶을 영위하는 데 필요한 도구인가? 건축은 필연의 산물인가 우연의 발견인가? 물론 이분법적인 결론은 없겠지만 이런 질문에 답을 하다 보면 뜬구름처럼 잡히지 않는 건축에 대해 자신의 견해를 좀 더 명확히 할 수 있지 않을까?

건축을 필연의 산물로 여겼던 건축가와 우연의 발견으로 여겼던 건축가를 비교해 보면 그 차이를 확실히 알게 될 것이다. 20세기 초반 서구의 건축은 근대 건축의 출현과 확장으로 크게 범주화해서 설명할 수 있다. 기술의 발전과 자본의 축적은 이성과 합리를 발판으로 건축도 변화시켰다. 장식을 넘어선 기능의 가치는 새로운 시대를 맞이한 사람들의 연호와 같았다. 네덜란드를 중심으로 한 신조형주의는 철저한 이상을 추구했다. 몬드리안Piet Mondrian으로 대표되는 신조형주의는 구상에서 추상으로, 나아가 수직과 수평, 선과 색이라는 이원화된 세계로 세상을 교차해 구성하는 방식을 추구했다. 몬드리안이 평면의 캔버스에 이 이상을 실현했다면 게리트 리트벨트Gerrit Rietveld는 건축이라는 3차원에 자신의 이상을 실현했다. 슈뢰더 주택Schröder House은 이들의 이상을 잘 보여 주는 작품이다. 선과 면 그리고 색채가 수직과 수평이라는 원칙에 따라 공간을 구획하고 비례를 만들어 낸 것이다. 이들에게 슈뢰더 주택은 자신의 이상을 펼친, 완전무결한 필연의

〈슈뢰더 주택Schröder House, 게리트 리트벨트〉

산물이었다. 그들의 의도에 맞춰 모든 것의 크기와 비례를 정하고 벽으로 공간을 구획한 뒤 색을 통해 면과 입체를 강조했다.

반면 20세기 중반에 이르러 합리와 이성을 넘어선 다른 가치에 관심을 보인 사조가 있었다. 기존의 건축 형태와 구성, 구조, 중력 그리고 기능을 분해해 불완전하고 미완성 상태의 불확실성을 추구한 해체주의가 바로 그것이다. 이는 기존의 모더니즘에 반하는 사조로 볼 수 있다. 대표적인 건축은 프랭크 게리의 주름진 곡면이 중첩되어 있는 비정형 건물인 댄싱 하우스Tančící dům, 빌바오 구겐하임 미술관Guggenheim Museum Bilbao 등이 있다. 그의 건축은 합리적으로 보이는 구석이 없다. 모더니즘 건축의 정제된 볼륨을 부풀리고 축소시킨 뒤 그것마저 비틀어 버리고 역동적인 모습을 보여 준다. 어디에서도 볼 수 없는 조형 방식은 해체주의가 추구하는 불확실성을 가장 잘 보여 주는 모습인 것이다. 해체주의 건축은 마치 현대미술이 추구하는 '낯설게 하기'처럼 기존의 원칙과 방식을 비틀어 그대로 드러내는 방법론을 추구한다. 따라서 해체의 방식은 건축가마다 다른 양상을 보인다. 어쩌면 해체주의 건축은 정의가 불가능해야만 이들의 정의에 부합하는 것이다.

독일의 하노버에 위치한 귄터 베니쉬Günter Behnisch의 북독일 란데스 은행Norddeutsche Landesbank은 해체주의 건축의 또 다른 사례다. 층별로 서로 다른 평면의 모습과 형태, 노출된 기둥, 방향성을 상실한 덩어리Mass의 적층, 캐노피와 연결 동선까지 분리해 별도의 건축 요소로 관입시키는 모습까지, 건축이 이룰 수 있는 복잡성을 최대한 부각했다. 건물의 모습은 합리와 기능, 구조를 최적화한 모더니즘 건축을 비웃듯 실재하고 있는 것이다. 이 건물을 이용하는 사람은 미로를 헤매듯 복잡한 공간을 배회하며 어느 누구도 예측하지 못한 불확실성의 공간을 발견하게 될 것이다.

건축은 필연의 산물인가, 우연의 발견인가? 신조형주의 건축과 해체주의 건축은 각각 서로 다른 세계관에서 출발한다. 우리는 두 서로 다른 세계에 관해 옳고 그름을 판단할 수 없다. 다만 그 건축이 우리에게 어떤 영감을 주는지, 어떤 건축이 자신의 성향과 기호에 적합한지만을 판단할 수 있다. 당신에게 건축은 정교한 세계로 구축된 필연의 세계여야만 하는가? 아니면 불확실성으로 충돌하는 우연의 세계일 수도 있는가?

건축을 처음 접하는 시기에는 유명 건축가의 작품과 그들의 말에 큰 영향을 받는다. 세상에는 무수히 많은 건축물과 이를 설계한 건축가가 있다. 건축가들로 하여금 서로 다른 건축을 하게 만드는 것은 그들의 독립적인 의식 세계일 것이다. 그래서 우리는 건축가들의 언어와 작품을 통해 그들의 의식 세계를 대략적으로나마 짐작해 볼 수 있다. 그리고 이를 통해 자신의 취향과 성향을 알 수 있다. 한 건축가의 말에 설득되고 그의 의도가 듣기에 합리적일 뿐만 아니라 감동적이기까지 하다면 우리는 건축가와 그의 건축에 공명한다고 말할 수 있다.

〈북독일 란데스 은행Norddeutsche Landesbank, 귄터 베니쉬〉

모든 공간에는 비밀이 있다

우리는 건축을 통해 무엇을 발견할까?

삶이란 운명보단 우연으로 채워진다고 생각한다. 인생에서 벌어지는 많은 일은 대개 원인과 결과가 불확실하므로 삶은 우연의 연속이다. 우연이 실제 일어난 사건이라면 운명은 사건이 만든 결과에 주석과 해석을 다는 행위다. 실재하는 것은 우연밖에 없다. 공간과 건축을 다루는 책에서 왜 뜬금없이 우연이나 운명을 언급하느냐고? 그것은 '왜 건축을 전공했나?' 하는 질문에 답하기 위해서다.

한국 사회에서 대학 진학을 앞둔 수험생이 전공 분야에 관한 구체적 정보—학과의 커트라인이나 졸업 후 획득할 수 있는 자격증 등의 정보가 아니라 어떤 일을 하는 것인지에 대한 구체적 정보—를 충분히 알거나 자신의 취향과 적성을 고려해서 진학하는 경우는 드물다. 나 역시 내 취향과 적성을 잘 몰라서 그저 입시 위주의 교육 과정에 맞춰 공부할 뿐이었다. 심지어 입시 원서를 제출한 학과가 지원 학교마다 달랐다. 공학, 기계, 토목건축, 통계학 등 서로 다른 4개의 과에 지원서를 냈다. 결과적으로 토목건축공학 한 곳만 합격하면서 대학 생활이 시작되었다. 재수를 하는 것은 선택지에 없었다. 그러니까 내가 건축을 처음 접하게 된 것은 그야말로 우연히 일어난 일이었다. 누군가는 바로 그것이 운명이지 않겠냐고 말할지도 모르겠지만 나는 그렇게 해석하지 않는다.

나는 학문을 크게 두 분야로 나눌 수 있다고 생각한다. 정답이 정해져 있고 그것을 찾아가는 학문과, 정답 없이 개인이 가진 개별적 사고 과정 자체가 하나의 대안이 되는 학문이다. 토목 공학과 건축 공학이 공학적인 정답을 좇는 학문이라면 건축학은 그렇지 않았다. 물론 공학적 사고가 필요하기는 하나 그 너머의 더 중요한 가치는 나의 사고였다.

평소 나는 내 주장에 힘을 줘 이야기하지 않고, 누군가를 설득하는 능력이 있다고 생각해 본 일 또한 없다. 생각을 정리하고 그것을 말로만 표현할 때 왠지 모를 불안을 느꼈다. 그에 반해 건축은 생각이 문장으로 남거나 시각적으로 표현될 뿐만 아니라, 다양한 감각의 체계가 쌓인 형태와 공간으로 남았다. 나는 그것에 거대한 희열을 느꼈다. 또한 건축학과의 커리큘럼은 학생과 교수의 생각이 다를지라도 단단한 사고 과정만 있다면 충분한 가치

평가를 받을 수 있었다. 가령 단독 주택을 설계한다고 할 때 기본적인 구조적 합리성, 다시 말해 무너지지 않을 정도의 구조적 강성을 가진다면 어떤 형태나 구조도 받아들인다. 가상의 클라이언트를 내세워 다양한 조건과 제약을 만들고, 건물이 들어설 땅의 지형이나 도시적 맥락을 고려하고, 역사적·사회적 문맥을 읽어 낸 뒤 건축을 제안하는 일련의 과정에서 나는 일종의 존중감을 느꼈다. 빈 땅이 나에게 질문을 건네고 내 생각을 묻는 것 같았다. 특히 설계 수업에서 만난 교수님들의 마지막 말은 언제나 "그래서 너는 어떻게 생각하니?"였다. '답은 없다. 너의 생각을 견고하게 만들어라.' 오직 그것이 건축학과의 공부였다.

건축을 한 문장으로 정의할 수는 없다. 개인의 주관적 사고가 폭넓게 확장해 가는 영역. 현실과 닿아 있지 않아서 허공을 떠돌 때도 많지만, 그래서 즐겁고 재미있는 분야. 현실적 문제를 해결하기 위해 유연한 사고가 필요한 일. 건축은 사람을 생각하고 관계를 생각하게 한다. 마을과 도시를 생각하고 역사와 사회를 생각하게 한다. 형태와 재료, 아름다움을 생각하게 한다. 합리적 비용과 가치를 생각하게 한다. 내가 생각한 건축의 본질이 나의 삶과 사고의 방식을 결정하고 구성한다. 내가 경험하고 기억하고 감각하고 상상하는 모든 공간과 장소가 나의 세계로 통합된다. 결국 내가 생각하는 세계, 클라이언트의 세계, 건축이 놓일 장소의 세계를 끊임없이 생각하는 행위가 곧 건축이다.

*

우리는 무수히 많은 건축가를 본다. 물론 내 주변에는 건축가가 없다고 말하는 사람이 많겠지만 건축가를 본다는 의미를 한 건축가가 설계한 건물을 본다는 의미로 치환한다면, 우리는 살면서 무수히 많은 건축가를 본다고 말할 수 있다. 건축물을 통해 건축가를 본다는 데는 다음과 같은 의미가 있다. 건물은 건축가의 의도와 의지가 담긴 결과물이다. 때문에 우리가 매일 무심결에 스쳐 지나가는 건물에는 나름의 존재 방식이 있다. 그리고 그 존재 방식은 건축가에 의해 결정된다. 건축가의 정신은 곧 건물이라는 현상으로 드러난다.

당신은 의문이 생길 것이다. 우리가 하루 동안 마주치는 무수히 많은 건물은 아름다움은 고사하고 천편일률적이며 특징조차 없는 것들이 태반인데, 과연 그런 건물에서도 건축가의 숨은 의도를 찾아볼 수 있다는 말인가? 건축에 종사하는 많은 사람이 이와 같은 질문에 자유로울 수 없으며, 그들 역시 이유를 잘 알고 있다. 건물의 존재는 건축가에 의해서만 결정되지는 않는다. 수많은 이해 당사자의 결과물이다. 토지 소유자, 부동산 개발자, 건설 회사, 공공 기관, 건축가가 이해관계에 따라 의견을 조정한 후에야 하나의 건물이 완성된다. 때로는 입주자나 지역 주민의 의견을 반영하기도 한다. 따라서 모든 사람이 완벽히 만족하는 건물은 드물다. 이렇게 완성된 건물의 본질을 알기 위해서는 한국 사회에서 통용되는 건물의 의미를 살펴야만 한다.

한국 사회에서 부동산은 무엇보다 확실한 부가가치가 창출되는 산업이다. 저금리 시대와 불확실한 고용 시장은 사람들을 부동산 투자 시장으로 이끈다. 많은 사람이 부동산 시세 차익을 목표로 과감하게 투자한다. 교환재로서의 토지와 건물은 이미 건축가의 설계 의도를 효과적으로 발휘할 수 없는 태생적 한계를 지닌다. 모든 과정에서 소요되는 비용과 미래의 교환 가치는 긴밀하게 연동하여 경제적 효과로 포장된다. 건물을 신축하거나 리모델링을 하는 건물주의 입장에서 적절한 시기, 그러니까 시세 차익을 충분히 올렸다고 판단하는 시점에 건물은 매물이 된다. 2년마다 혹은 그보다 더 짧은 시간에 새롭게 바뀌는 카페 인테리어에 내구성 좋은 자재를 쓰지 않는 것도 같은 논리로 설명된다. 유행에 맞춰 일정 기간 소모되는 도구가 되는 것이다. 아파트의 외관이 일률적이고 빌라촌에 이름만 다른 쌍둥이 건물들이 즐비한 것도 건물의 존재 가치를 경제적 효과와 건설 효율에 치중했기 때문이다. 그리고 사람들은 이와 같은 현상을 보며 합리적이라고 이야기한다.

합리적 비용을 들여 건물을 짓는 것은 너무 당연하다. 예산은 항상 한정되어 있다. 건물을 짓는 데 필요한 비용은 누군가에겐 평생 모은 재산일 것이다. 수억에서 수십억, 수천억이 건설 비용으로 들어간다. 때문에 공사 기간을 줄이는 것은 건물을 짓는 입장에서 가장 중요하다. 인건비 증액이라는 문제와 더불어 토지를 개발하는 동안 손실된 토지의 경제적 가치를 하루빨리 회복해 투자금을 회수해야 하기 때문이다. 금융권의 대출도 역시 또 하나의 부담이다. 이러한 측면들이 모여 '경제적'이라는 강력한 제어 장치 아래서 일률적인 건물 디자인으로 구현된다. 건축가의 의도가 섬세하게 담긴 건물을 발견하기 힘든 이유다.

*

건축가 렘 콜하스Rem Koolhaas는 "건축가의 생애에서 일어나는 치명적인 일 가운데 하나는 그가 자기 자신을 너무 진지하게 생각하기 시작하는 순간"이라고 말했다. 그는 또한 "그의 생각이 다른 사람이 생각하는 그의 모습과 일치할 때, 즉 그의 비밀이 소진되는 때"라고 덧붙였는데, 이는 건축가라면 자신의 작품에 누구도 예상할 수 없는 비밀 하나를 숨겨야 한다는 의미다. 그의 표현을 빌려 다시 말하자면 우리가 도시 공간에서 발견하는 것은 '비밀이 소진되어 지루함만 남은 건축가의 모습뿐'이다.

그럼에도 불구하고 이따금씩 평범한 건물에서 건축가들의 노력이 보일 때 희열을 느낀다. 좋은 디자인은 화려하고 남다른 외관, 비싸고 좋은 재료와 장인의 손길을 거쳐 탄생한 가구, 유행하는 조명으로 꾸며진 공간만을 이야기하는 것은 아니다. 좋은 디자인의 가치는 다양한 측면에서 발견된다. 건축물의 배치와 비례 그리고 재료의 조합 방식 등 이미 통용되고 있는 보편적 언어로도 다름을 만들 수 있다. 기존의 합리적이고 경제적인 틀을 따르면서도 건축가의 손길로 변주하는 것이다. 바로 여기에서 건축가의 비밀이 하나씩 투영된다.

핀란드 건축가 알바 알토Alvar Aalto의 코에타로Koetalo 프로젝트는 건축가가 할 수 있는 변주의 본보기가 된다. 그는 핀란드 무라살로섬에 여름 별장을 설계했다. 1953년 당시 배를 타고 섬에 들어가 세상과 단절된 채 호수와 침엽수림으로 둘러싸인 호젓한 자연에서 여름을 보낸 것이다. 그야말로 건축가의 비밀을 숨겨 두고 실험하기에 적합한 장소이지 않은가? 그는 그곳에서 벽돌과 타일을 벽과 바닥에 쌓고 붙이는 실험을 했는데 중정 안뜰의 벽과 바닥을 보면 50종이 넘는 벽돌과 타일이 모자이크처럼 조합되어 있다. 남은 천 조각을 이어 붙여 만든 조각보처럼, 서로 다른 것들이 모여 조화를 이루면서 건물의 표정을 그렸다.

알바 알토는 목재를 잘 활용한 건축가로 다양한 가구를 만들기도 했는데, 코에타로에도 그가 만든 책꽂이와 스툴, 화장대, 의자가 채워져 있다. 그는 근대 건축이 태동하던 시기에 규모와 장식의 건축을 넘어 합리와 보편 그리고 경제적 관점에서 건축을 고민하던 사람이었다. 대량으로 생산되기 시작한 벽돌과 타일 그리고 핀란드의 넘쳐 나는 목재를 이용해 사람들이 살아갈 집과 대중이 이용하는 시설을 설계했다. 그는 단순히 효용과 속도의 가치를 뛰어넘어 아름다운 것을 만들려는 시도를 통해 건축마다 자신만의 비밀을 새겨 놓았다.

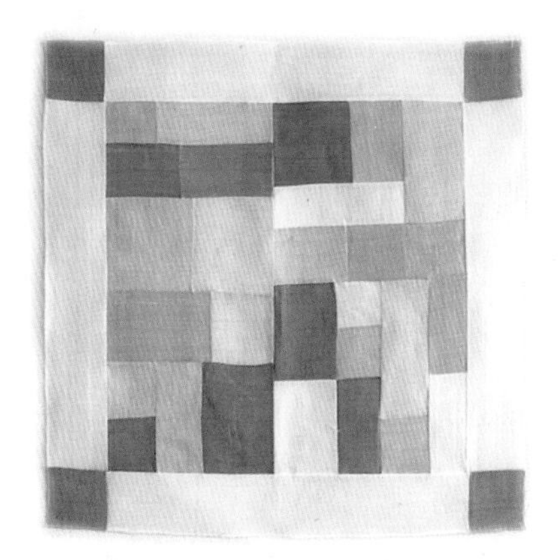

〈건축의 영감이 된 조각보〉

〈코에타로Koetalo, 알바 알토〉

*

이따금 역사가 오래된 지역을 산책하다 보면 벽돌 담장이나 벽에 붙은 타일에서 다양한 패턴을 발견할 수 있다. 쌓고 붙이는 방식에 따라 패턴이 달라지는 것인데, 사소한 변주가 보는 사람으로 하여금 희열을 느끼게 한다. 벽돌 종류에 따라 차이가 있지만 보편적으로 사용하는 벽돌의 규격은 하나다. 가로 19센티미터, 세로 9센티미터, 높이 5.7센티미터다. 일반적으로 구조적 안정을 위해 최대한 넓은 면을 수직으로 쌓는 것이 효과적이지만, 벽돌의 각 면을 가로와 세로 방향으로 각각 나눠 생각한다면 3개의 서로 다른 사이즈와 비례를 사용할 수 있다. 벽돌을 회전하는 모양으로 쌓는 가능성까지 생각한다면 벽돌이 만들어 내는 건물의 인상은 무한대다.

건물 형태도 마찬가지다. 콘크리트로 타설할 바닥과 벽의 위치를 어디로 정하는가는 정해져 있지 않다. 창문도 그렇다. 채광과 환기, 경관을 고려해 건물의 4면(천창을 고려하면 5면이 될 수도 있다) 중 어디에, 어떤 크기로 만들 것인가 결정할 수 있다. 물론 복잡한 구조일수록 건설 비용은 높아지겠지만, 최소한의 변주만 주어도 건물의 모습은 달라질 수 있다. 모든 건물이 건축가가 심어 놓은 비밀 하나씩만 가져도 도시의 풍경은 지금보다 풍요로워질 수 있다.

늦은 오후 그리고 어스름이 깔리기 시작하는 저녁 무렵, 동네를 산책하다 조금은 낯설고 새로운 표정을 가진 건물을 발견한다면, 당신은 이름 모를 건축가가 펼쳐 낸 비밀을 간직하게 되었다고 믿어도 좋다.

낡은 동아줄을 잡은 건축가

공공 건축은 무엇을 배려해야 할까?

공공 건축 이야기로 한참 시끄러운 때가 있었다. 현상 설계 당선작 결정 과정에서 드러난 외압 문제에서 공공 건축의 질 문제까지 갖은 의혹이 쌓였다. 천문학적인 돈을 들여 건물을 짓지만 디자인은 제쳐 두고 그 쓰임새의 실효성마저 의심받는 실정이었다. 건축계 인사들은 좋은 공공 건축의 탄생을 저해하는 시스템과 불투명한 의사 결정의 문제가 항상 반복되어 왔다고 목소리를 높였다. 항상 그래 왔다. 발주처의 의도대로 건물을 계획하고 짓는 행태에서 공간을 직접 사용하는 사람을 위한 배려는 없었다. 일련의 문제들을 보니 문득 오래전 기억이 떠올랐다.

설계 회사에 다닐 당시 한 공공 기관 청사의 현상 설계에 참여한 적이 있다. 나는 신입 사원이었기 때문에 업계의 풍토를 잘 알지 못했지만 대략의 경험은 이랬다. 우리 팀에서 설계안을 계획하고 있는데 회사 임원이 다가와 회의를 소집했다. 그는 발주처의 한 인사를 만나고 왔다며 발주처의 최종 결정권자가 가진 청사진을 전달했다. 물론 건물을 설계할 때 직접 사용할 사람의 요구를 듣는 것은 당연한 일이다. 공청회를 통해 의견을 모을 수도 있다. 하지만 그런 정보는 프로젝트가 시작될 때 이미 공모 지침서에 담겨 있다. 임원은 지침에 담긴 이야기가 아니라 발주처 윗선에서 흘러나온 고급 정보라며 내용을 다시 한번 주지시켰다. 그는 건물의 규모나 내부 공간들이 어떻게 연결되길 원하는지에 대해 설명했다. 가장 큰 이슈는 세종시 청사 현상 설계의 사례처럼 저층형이냐 고층형이냐의 문제였다. 기관장이 25층에 가길 원하느냐 10층에 있어도 되느냐 하는 문제였다. 주변 환경과 맥락 그리고 건축가의 의도는 진즉에 사라지고 없었다. 발주처의 요구 조건, 아니 기관장의 요구를 파악한 이상 이를 무시하는 계획안을 제출할 수는 없었다. 회사의 목표는 이윤을 얻는 것이고 이윤을 얻기 위해서는 설계안을 당선시켜야만 했기 때문이다. 당선되려면 발주처의 구미에 맞춰야 하는 것은 업계의 법칙이었다.

얼마 후 우리는 낙선이라는 절망을 붙들고 원인을 파악하다가 실소를 금치 못했다. 당선된 안과 타사의 제출안을 비교하며 설계안이 어떻게 달랐는지 분석하는 것이 아니라, 회사별로 줄을 댄 발주처 라인을 비교하는 것이었다. 당선 안을 제출한 회사는 발주처의 사장 라인이었고 2등 작품은 전무 라인이었으며 우리는 실무 부서의 부장 라인 정도였다는 이야기였다. 우리가 동아줄인 줄 알고 잡았던 정보가 실상 최종 결정권자의 복심과는 거리가 있었고, 탈락은 당연했다나 뭐라나. 웃어야 할지 울어야 할지 알 수 없는 상황에 나는 혼미해지는 정신을 겨우 붙잡아야 했다. 공공 건축물이 완성되는 과정이 언제나 이와 같다면 우리가 좋은 건축을 만날 길은 요원하다.

*

요즘 공공 건축의 화두는 복합 시설이다. 말 그대로 다양한 기능과 이용자의 행위가 상존하는 공간을 만드는 것이다. 그렇다고 공공 도서관 로비에 공연 시설을 만드는 식으로 공간별 이해가 상충하는 계획을 하는 것은 아니다. 복합화가 가장 용이한 것은 문화 시설로 다양한 규모의 공연장과 전시, 판매 공간, 카페, 레스토랑, 바 등의 상업 공간을 함께 계획한다. 공연을 즐기러 온 사람이 아니어도 다양한 공간을 경험할 수 있는, 말 그대로 공공의 공간을 만드는 것이다.

공공 건축, 그러니까 사람이 잘 모이는 장소의 요건은 무엇일까? 무엇보다 공공성을 추구하는 데 가장 중요한 것은 입지다. 불특정 대중이 손쉽게 드나들기 위해서는 유동인구가 많은 곳에 누구나 쉽게 인지할 수 있는 건축이 있어야 한다. 산 중턱에 위치한 공연장은 누구도 쉽게 갈 수 없고, 대중교통 시설이 미비한 곳

역시 사람이 많지 않을 것이다. 말 그대로 공연 티켓이 있는 사람만 찾아갈 뿐이다. 이렇듯 접근성은 공공 건축에 가장 중요한 요소지만, 접근성이 떨어지는 모든 건축이 나쁜 것만은 아니다. 가령 굽이굽이 깊은 산중의 고즈넉한 풍광을 지닌 도서관이나 해안선 끝자락의 광활한 수평선을 마주하는 미술관은 자연 조건이 더 큰 요소로 작용한 경우다.

도심형 공공시설과 관련해 논쟁적이었던 프로젝트를 꼽자면 단연 〈노들섬 프로젝트〉를 이야기하고 싶다. 노들섬 프로젝트 논의는 오페라 하우스 건립을 제안한 2005년에 시작했는데, 시장이 바뀔 때마다 정치적 색채나 성향에 따라 정책 또한 계속 바뀌었다.

프로젝트 초기에는 공간의 입지와 관련한 논쟁이 주를 이뤘다. 왜 하필 한강 중간에 있는 노들섬에 대규모 문화 공간이 들어서야 하느냐는 것이었다. 사람이 살지 않는 작은 섬인 데다 도보 접근이 어렵다는 이유로, 서울 시민들을 위한 입지로서는 적합하지 않다는 것이었다. 이에 일부 건축·도시 전문가들은 그 대안으로 도심형 중소 문화 공간 건립을 제시하기도 했다.

노들섬 관련 아이디어 공모전 당시 가장 신선하고 적합하다고 생각했던 안은 김일현 교수의 '노(No)들섬'이라는 작품이었다. 노들섬에 건물을 짓지 말고 자연 상태를 유지하고 공원화하자는 취지로, 발주처의 의지와는 반대되는 모순을 보여 주었다. 나는 여전히 이런 제안이 현재의 노들섬에 더욱 적합하다고 생각한다.

현재의 노들섬은 예술인과 문화인을 위한 공간과 공연·전시를 위한 복합 공간으로 꾸며지고 있다. 가장 큰 특징은 '노들 스테이'라는 거주 공간이 생긴다는 점이다. 도시화의 오래된 문제 중 하나인 도시 공동화 현상(거주 공간과 일하는 공간이 분리되면서 빈 도시가 생기는 현상)에 대한 응답이자, 지속 가능한 노들섬을 만들기 위한 해결책으로 보인다.

지난 10여 년 동안 문화 예술 공간에 대한 담론이 많아지면서 여러 거대 프로젝트가 계획됐다. 노들섬, 새빛둥둥섬, 동대문 디자인 플라자, 당인리 화력발전소 등이다. 성격은 조금 다르지만 앞으로 진행될 광화문 광장 프로젝트까지, 대부분 해외 사례를 청사진 삼아 서울시가 정책적으로 추진한 일들이다. 일종의 문화 예술 공간의 거점을 계획한 것인데 새빛둥둥섬은 입지의 문제에서, 동대문 디자인 플라자는 성곽 터와 동대문 운동장이라는 역사의 얼개를 다루는 문제에서 논쟁이 지속되고 있다. 건축이 놓이는 입지에서 시작한 논쟁은 이후 설계의 방향과 시설의 운용이 더해져 총체적으로 평가된다. 이 공간들이 시민의 일상과 얼마나 호흡하며 공존해 나갈지는 앞으로 지켜볼 대목이다.

*

공공시설에 관한 가장 적절한 대답은 디자인 그룹 오즈의 구산동 구산동 도서관 마을에서 들을 수 있을 것 같다. 구산동 도서관 마을 프로젝트는 동네에 도서관이 없어 불편함을 겪고 있던 주민들의 요구로 시작됐다. 서명 운동과 청원을 거쳐 시작한 프로젝트는 입지 선정과 건축 계획 과정에서도 주민들의 적극적인 참여가 이어졌다.

도서관 마을은 동네 골목길과 기존 주택 8개 동을 포함한 11개의 필지를 합쳐 모두 55개 주택의 방을 그대로 살려 재구성했다. 골목은 서가가 되고 거실은 토론방이 되었으며 방은 열람실이 된 것이다. 일부 외벽은 그대로 살려 도서관의 인테리어가 되었는데 로비 공간에 보이는 빨간 벽돌과 발코니는 옛 건물의 흔적을 그대로 간직한 모습이다. 마을의 기억을 담는 도서관이자 동네 박물관인 셈이다. 이 도서관을 통해 옛 시절을 기억하는 사람은 놀이와 삶이 공명하는 순간을 경험하게 될 것이다.

마을의 중심에 위치해 주민이 잘 찾아올 수 있는 도서관. 옛 건물을 그대로 간직해 주민들에게 사라지지 않을 추억을 남겨 준 도서관. 복잡한 골목길을 놀이터 삼듯 다양한 크기와 재미있는 동선을 통해 즐거움을 선사한 도서관. 구산동에 그런 공공 도서관이 있다.

나는 건물을 짓지 않는 일, 짓더라도 최소한의 건축으로 계획하는 일, 현재의 모습을 보존하는 일, 과거의 모습을 복원하는 일까지 모두 건축의 일부라고 생각한다. '비움으로써 채운다'라는 형이상학적인 문장이 실재할 가능성을 아직 믿는다.

〈구산동 도서관, 디자인그룹 오즈〉

기념 공간의 필연적 이유

도시의 아픔은 무엇으로 치유할까?

우리 가족에게 가장 큰 기념일은 여름이면 돌아오는 할머니의 기일이다. 그날에는 겨울에 돌아가신 할아버지의 위패도 함께 모신다. 모두 장성해 각자의 가족을 꾸린 그들의 자녀와 자녀의 자녀가 모두 만나 그들의 부재를 기억한다. 추석과 설날의 북적임은 사라졌지만 할머니의 부재를 통해 다시 가족이 만나게 된 것이다. 그날에는 소박하지만 정성을 들여 음식을 준비하고 그간 나누지 못한 삶을 풀어 헤친다. 일본에 떨어져 사는 막내 고모의 방문은 그래서 더 특별하다. 살아가며 느끼는 애달픔을 애써 표현하지 않지만 그 감정이 진하게 느껴질 때가 있다.

막내 고모는 늦둥이다. 8남매의 마지막으로, 할머니는 45세에 막내 고모를 낳으셨다. 그녀가 중학교를 다닐 때 할머니는 60세였고 다른 형제들은 장성해 각자의 길을 가고 있었다. 그 말은 막내 고모가 할아버지와 할머니처럼 늙은 부모와 함께 살았다는 것을 의미했다. 막내 고모는 평생을 공사판 노동자로 사신 할아버지와 시장에서 소금을 팔던 할머니 곁에서 어린 시절을 보냈다. 나는 막내 고모를 생각할 때마다 늙어 버린 부모를 만난 꿈 많은 소녀가 떠오른다.

한국에 돌아온 막내 고모는 30년 만에 부모님과 함께 살던 시골집에 찾아간다고 했다. 그곳이 어떻게 변했는지, 변하지 않았다면 어떻게 남아 있는지 둘러보고 싶다고 했다. 그녀는 더 늦기 전에 둘러봐야만 당신들과 함께했던 시간과 그들의 부재와 그녀가 보낸 어린 시절의 역사를 완결할 수 있을 것 같다고 했다. 오랜 시간 고향을 떠났다가 다시 돌아와 고향집의 흔적을 찾아보는 일은 어떤 의미일까? 그녀는 그곳에서 어떤 생각을 했을까? 마침표를 찍을 수 있었을까? 그들의 공간은 어떤 방식으로 기념됐을까? 나는 그 대답들을 아직 알지 못한다.

*

도시와 국가는 저마다의 질곡이 담긴 역사를 갖는다. 가장 대표적인 역사의 질곡은 참혹한 전쟁이나 불특정 다수의 삶이 한 순간에 사라져 버린 경우에 더 두드러지게 나타난다. 폭력은 먼 우주 공간이 아니라 현재 우리가 살아가고 있는 도시, 바로 이 자리에서 행해진다. 누구가의 죽음이 누군가의 삶으로 이어지는 역사의 아이러니 속에서 모든 도시는 과거의 아픔을 기념해야 할 의무가 있다.

현시대의 역사는 과거의 역사에 기인한다. 우리 역사에서 참혹했던 과거의 경험, 그러니까 임진왜란의 수난과 수탈같이 먼 과거의 일이 현재의 아픔으로 체감되진 않는다. 고려 무신 시대의 폭정은 과거 역사 속 이야기로 다가올 뿐, 우리에게 어떤 감정적 동요를 일으키진 않는다. 충청도 사람이라고 해서 백제의 멸망과 계백 장군의 죽음이 애달프게 느껴지는 것은 아닐 것이다. 오히려 일제 강점기, 한국 전쟁, 군부 독재, 광주 민중 항쟁, IMF, 삼풍백화점 붕괴, 세월호 참사같이 우리 삶에 직간접적으로 영향을 끼치는 역사에 아픔을 느낀다. 근현대사의 슬픈 역사 속에서 여전히 고통받는 사람이 가까운 곳에 존재하기 때문이다. 우리는 시대의 아픔을 통해 공동체 의식을 형성한다.

이때 중요한 것은 역사의 기록과 보존이다. 1980년 광주시청에서 벌어졌던 시가전과, 병원과 체육관에서 흘러나오는 통곡을 담은 영상이 있다. 그 영상은 하나의 역사적 기록으로, 1987년 민주 항쟁을 이끈 대학생들에게 전달되었다. 만약 기록이 존재하지 않았다면 1987년의 한국 사회는 지금과는 다른 길로 향했을지도 모른다.

오늘날 과거의 기억을 담는 기록 매체는 신문 기사, 논문, 책, 사진, 영상, 웹 데이터, SNS, e-mail 등 종류가 다양해졌지만, 공간만큼 직관적이고 상징적인 매체는 드물다. 하지만 안타깝게도 이 도시에서 역사를 기억할 만한 공간을 쉽게 찾을 수 없다. 빠른 시간에 고도성장을 일궈 내느라 과거의 상처를 보듬을 여유가 없었음을 생각하더라도 아쉬움이 남는다. 지금 이 도시는 어제 일어났던 비극을 오늘 아무 일도 아닌 것처럼 화장하기에만 급급한 자기기만의 도시처럼 보인다. 좋은 면만 포장하는 삶은 얼마나 고달픈가. 슬픔과 고통을 숨기지 않는 것처럼, 비극을 인정할 때 역사는 진정한 역사로 기능할 수 있다.

1990년대 한국 사회는 고도성장의 씁쓸한 단면을 마주하는 여러 사건을 경험했다. 삼풍백화점과 성수대교 붕괴는 성공 지상주의가 빚어낸 부실 공사의 결과였다. 비극을 계기로 원칙을 지키고 사후 평가를 확실히 하는 시스템이 갖춰진 것은 환영할 만한 일이나, 그 과정에 많은 시행착오가 있었다. 무엇보다 중요한 것은 더 큰 비극을 막기 위해 이전의 비극을 기억해야 한다는 점이다. 하지만 앞선 두 사건의 흔적은 어디에서도 발견할 수 없다. 피해자들의 아픔을 기리고 그들을 위로할 수 있는 공간은 어디에 있는가? 부실 공사로 일어난 건물 붕괴와 그로 인해 망가진 삶의 역사를 우리는 어떻게 소화해야 하는가?

붕괴 당시 1,500여 명의 사상자가 발생한 삼풍백화점에는 아이러니하게도 고층 주상 복합 건물이 들어섰다. 상흔이 채 아물기도 전에 대형 부동산 프로젝트가 계획된 것이다. 소유자 입장에서는 가능한 한 빠르게 흔적을 없애고 입지 좋고 값비싼 땅을

〈삼풍백화점 붕괴 당시〉

새로운 건물로 채우고 싶었을 것이다. 어쩌면 백화점 붕괴를 이끈 다양한 주체들, 그러니까 건설 과정에 참여한 다양한 기업체, 허가와 관리 감독의 주체인 정부 기관이 자신들의 치부를 가리기 위해 발 빠르게 대처한 결과물인지도 모르겠다.

사건의 양상은 다르지만 미국의 9·11 테러로 붕괴한 세계무역센터의 사례를 보면 공간의 기억 그리고 사람들의 아픔을 다루는 방식에 큰 차이가 있음을 깨닫게 된다. 2001년 9월 11일, 쌍둥이 빌딩으로 알려진 세계무역센터가 테러로 붕괴하면서 1만여 명의 사상사를 냈다. 삼풍백화점과는 달리 정치·외교의 문제가 테러로 이어져 발생한 사건이었지만 공통점이라면 무고한 시민의 죽음이었다. 무역센터가 무너진 자리를 수습하는 데 꽤 오랜 시간이 걸렸다. 그들은 그곳을 '그라운드 제로'라고 부르며 추모를 위한 공간으로 사용하기로 결정했다. 현상 공모를 통해 건축가 마이클 아라드Michael Arad의 부재의 반추Reflecting Absence가 당선되었다. 그는 그곳에 '의도가 있는 침묵과 목적이 있는 공백'을 계획했다.

그라운드 제로에 진입한 사람들은 맨해튼의 거리와는 완전히 다른 분위기를 느끼게 된다. 사람들은 고층 빌딩 숲에서 높고 너른 하늘을 마주할 수 있는 빈 공간을 발견하게 된다. 그리고 떨어지는 물소리를 듣는다. 물소리에 이끌려 지하로 걸어가면 건물 두 채가 있었던 흔적을 만나게 된다. 쉼 없이 떨어지는 물소리는 마치 그곳에 있었던 비극과 슬픔에 공감하는 사람들의 눈물 같다. 벽을 따라 흘러내린 물이 바닥에 모여 하늘을 비추고, 거대한 두 개의 사각형은 철판에 새겨진 희생자의 이름으로 둘러싸여 있다. 물소리를 따라 사각형에 접근한 사람은 자연스럽게 희생자의 이름을 바라보며 어두운 땅속으로 떨어지는 물줄기를 응시하게 된다. 비극의 공간, 공간의 비극은 그렇게 말없이 떨어지는 물소리로 추모와 치유의 공간이 된다.

나는 2001년 9월 11일을 분명히 기억한다. 사고 소식을 접하고 건축학 개론 수업을 들었다. 교수님은 담담히 붕괴의 과정을 설명하셨다. 그로부터 14년 후 그곳에 직접 가게 되었다. 물소리가, 새겨진 이름들이, 곳곳에 놓인 꽃다발이, 물에 비친 뉴욕의 하늘

〈9/11 메모리얼Memorial, 마이클 아라드〉

과 건물들이 나에게 당시의 비극을 말해 주는 것 같았다. 나는 비록 희생당한 이들의 시간과 공간의 반대편에서 오랜 시간 살아왔지만 그들과 연결되어 있다는 느낌을 강하게 받았다. 아픔이 느껴졌다.

우리의 도시는 이제 답할 때가 되었다. 비극, 슬픔, 아픔은 그 자체를 받아들임으로써 치유된다. 비극을 덮고 슬픔을 애써 참고 아픔을 두려워해서는 앞으로 나아갈 수 없다. 서울 양재시민의숲 어딘가에 있다는 삼풍백화점 추모비는 백화점이 붕괴된 그 자리에 있어야만 한다. 부끄럽고 추악한 기억일지라도 그것이 우리의 모습이었다면 민낯을 드러내야만 한다. 그래야만 잊지 않을 수 있다.

슬럼의 변신은 무죄

도시에 빈틈이 필요한 이유는 무엇일까?

유학 시절, 런던에 도착한 지 얼마 되지 않은 날이었다. 내가 처음 살게 된 집은 시내와 가까운 복스홀Vauxhall 역 근처였다. 영국은 처음이었고 외국에서 살아 본 경험이 없었으므로 지인의 집에서 3개월 정도를 지내며 현지 적응 기간을 보냈다. 누구나 그렇듯 처음 며칠간은 유명한 장소들을 구경하며 지냈다. 시간에 쫓기는 일 없이 유유히 런던을 둘러보는 시간이었다.

그러던 어느 주말 정오 무렵, 그동안 스쳐 지나기만 했던 동네 공원에 갔다. 역 이름과 같은 복스홀 공원은 규모가 크진 않았지만 어린이 공원과 테니스 코트도 있는, 한국의 중고등학교와 비슷한 크기였다. 영국의 흔한 동네 공원처럼 넓은 잔디와 잔디를 X자로 가로지르는 지름길이 선명했다. 가을이 지나가고 겨울이

〈복스홀 공원 벤치의 메모〉

시작되는 시기였고, 비가 조금씩 내렸다. 비가 그친 후 공원은 평소보다 짙은 색을 품고 있었다. 공원의 둘레에 난 길을 따라 걷다가 한 벤치에 눈길이 갔다. 검정 페인트칠이 유난히 빛나는 벤치에 장미 꽃다발이 놓여 있었다. 꽃이 조금 시든 걸로 보아 며칠은 지난 것처럼 보였다. 꽃다발 옆에는 비에 젖을까 비닐을 씌워 놓은 종이가 있었다. 종이에는 이렇게 적혀 있었다. "이 꽃은 나의 엄마를 위한 것입니다. 제발, 작년처럼 꽃을 가져가지 말아 주세요." 제발이라는 단어에 그어진 밑줄에 눈이 갔다. 나는 벤치 위에 놓인 꽃과 메모를 유심히 봤다. 생각지도 못한 순간에 울컥함이 몰려왔다. 바로 며칠 전 가족과의 이별을 경험했고 영국으로 향하는 비행기에 타자마자 나도 모르게 눈물을 흘린 순간이 떠올랐기 때문이었다.

벤치에는 벤치를 기증한 사람의 이름이 새겨져 있었는데 그 사람과 꽃의 주인이 같은 사람인지는 알 수가 없었다. 하지만 벤치에 새겨진 사람과 꽃을 놓아둔 자녀와 꽃의 주인에게는 이 복스홀 공원이 그들을 연결해 주는 소중한 장소임에는 틀림없을 것이었다. 나는 한동안 자리에 멈춰 서서 빈 벤치가 향하는 공원과 하늘을 올려다보았다.

*

"당신이 제일 좋아하는 공원은 어디입니까?"라는 질문을 해 본 적도, 들어 본 적도 별로 없다. 서울 사람들이라면 고심 끝에 한강 고수부지나 선유도 공원, 올림픽 공원 그리고 하늘 공원 정도를 말할지도 모르겠다. 혹은 남산을 이야기할 수도 있겠다. 그러다가도 자신이 제일 좋아하는 공원이 그곳이 맞는가 하는 의심에 빠질 수도 있다. 지난 1년간 앞서 말한 공원에 간 것이 몇 번 안 되기 때문이다. 물론 방문 횟수와 호감 정도를 단순한 비례식으로 결정하지는 못하겠지만, 그만큼 좋아하는 공원을 말하기란 쉽지 않은 게 사실이다.

아이들이 좋아하는 놀이터는 도시 곳곳에 있다. 놀이터를 즐기는 아이와 달리 어른들은 유모차를 한편에 세워 두고 벤치에 앉아 아이를 기다리는 경우가 많다. '공공녹지, 사람이 쉬고 운동을 하거나 놀이를 즐길 수 있는 정원이나 동산'이라는 공원의 정의에 따르자면 놀이터 또한 엄연한 공원이지만, 어른에게 놀이터는 공원이 될 수 있을까? 매일 저녁 경보와 조깅을 하는 사람으로 붐비는 학교 운동장은 어떤가. 학교 시설이기에 저녁에만 개방되어 한정적인 공원의 역할만 할 뿐이다.

도시 공간의 안타까운 지점이 바로 여기에 있다. 앞서 말한 한강이나 올림픽 공원 등의 대단지 공원은 우리의 일상과는 한발 떨어져 있다. 그곳은 일상적인 공원이라기보다 비일상적인 공간이다. 약속의 공간, 피서의 공간, 여행의 공간이다. 그러면 우리가 편하게 쉬고 놀이를 즐길 수 있는 공원은 어디에 있는가.

서울의 위성 사진을 공원이 많기로 유명한 런던과 비교했을 때 서울의 녹지 비율이 더 높다는 연구를 본 기억이 있다. 하지만 서울의 녹지는 산으로 구성되어 있다는 점에서 녹지의 대부분이 평지인 런던과는 큰 차이를 보인다. 서울의 지형이 애초에 그렇게 생성된 것을 탓할 수는 없다. 하지만 녹지 비율이 높다는 것이 우리에게 충분히 공원이 있다는 결론으로 이어질 때는 문제가 된다.

서울의 낮은 산들은 대부분 산책길로 조성되어 있다. 산책길 중간중간에 운동 시설이 있고 오랜 나무들이 드리워져 호젓해 보이기도 한다. 하지만 매일같이 출퇴근을 하고 야근까지 반복하는 일반인에게 이곳은 접근성이 떨어진다. 서울의 녹지는 공원이 아니라 경치로 존재하는 야산에 그치고 만다.

공원은 도시의 빈틈과 같다. 그 빈틈에서 생명의 활기가 피어난다. 출퇴근길에, 점심시간에, 저녁에 갈 수 있는 공원이 있다는 말은 빽빽하고 힘겹게 살아가는 현대인에게 빈틈을 내어 휴식을 준다는 의미를 담는다. 놀이터나 운동장, 마음먹고 찾아가는 공원이 아니라 매일같이 들를 수 있는 공원이 있어야 하는 이유다.

*

그렇다면 거의 모든 땅에 건물이 들어서 있는 도시에 어떻게 빈틈을 만들어야 할까? 자본주의 사회에서 땅이란 곧 돈이다. 19세기 초반 미국의 맨해튼 도시 계획 당시, 지금의 센트럴 파크는 존재하지 않았다. 심지어 도시 곳곳에 공공의 필지로 조성된 공원도 없었다. 공원이나 공공을 위한 공간은 도시 계획에서 배려되지 못했다. 뿐만 아니라 현재 맨해튼을 대각선으로 가로지르는, 옛 인디언이 다녔다는 길도 존재하지 않았다. 건물을 세울 수 없는 공원은 경제적 가치가 없으며 격자로 구획된 대지를 대각선으로 자르는 것 역시 도시의 가치를 잘라내는 것이 아니겠느냐는 계획가들의 판단 때문이었다. 하지만 현재는 어떤가. 맨해튼은 전 세계에서 땅값이 가장 비싼 곳이 되었고, 이에 비춰볼 때 공원이 없는 초기 도시 계획은 잘못된 판단이었음이 증명되었다.

맨해튼에 있는 거대한 공원은 시민들의 삶의 질과 큰 연관 관계가 있다. 도시에서의 공원이란 대체된 자연이다. 대체된 자연

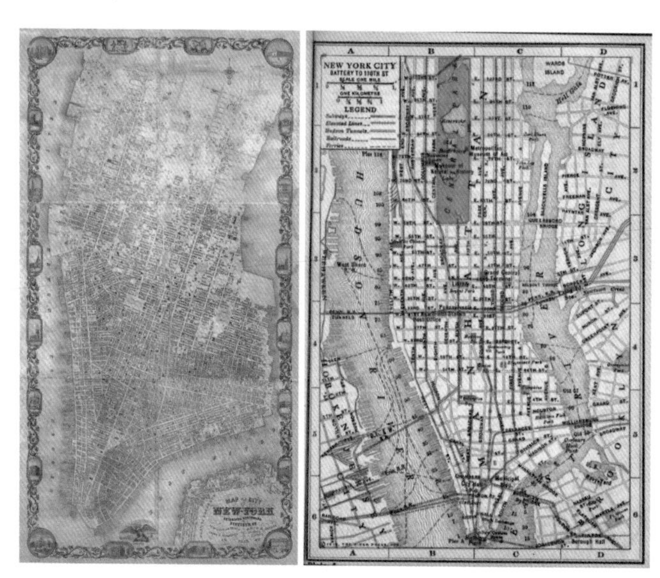

〈맨해튼 도시 계획 변경 전후〉

으로서의 공원은 인간의 원형이 자연에 있음을 끊임없이 말해준다. 우리가 강이나 바다, 산에 가면 자신을 대자연의 일부로 자각하는 것처럼 말이다. 공원에 가면 그저 기분이 좋거나 상쾌한 느낌을 넘어 깨달음을 얻게 된다.

현대 도시는 이제 건설 광풍이 비껴간 후 새로운 패러다임 속에서 성장한다. 점차 인구가 고령화되고 감소하는 추세 속에서, 서울과 같은 거대 도시는 높은 집값과 인구 과밀로 인한 열악한 거주 환경으로 인구 절벽을 더욱 절실히 실감하게 될 것이다. 그리하여 구도심에 빈 건물이 늘어나고, 철거에 비해 비용이 들지 않는 방치를 선택, 점차 흉물로 변해 갈 것이다. 실제로 이미 지방 소도시 구도심의 빈집 문제가 가시화되었다.

채우는 것으로 도시가 더 이상 성장할 수 없는 시점에 다다르면 바로 여기에 빈틈이 발생한다. 역사와 정치 상황이 도시에 빈틈을 마련해 주는 경우도 있다. 가령 미군 부대 철수는 서울의 중심인 용산에 거대한 녹지를 남겼다. 이곳은 첨단의 미래 도시가 아니라 역사를 새기고 자연을 가꾸는 공원이 될 것이다. 그런가 하면 점차 줄어드는 학생 수로 인해 학교 역시 도시의 빈틈이 될 수 있다. 주유소는 어떤가? 석유를 사용하지 않는 차량이 늘어날수록 빈틈이 될 수 있다.

도심 속 빈틈과 관련해 가장 흥미로운 그룹은 2015년 영국의 가장 권위 있는 미술상인 터너 프라이즈Turner Prize에서 '올해의 예술가'에 선정된 어셈블Assemble이다. 이 창작 집단은 일반적인 건축 회사와 달리 다양한 예술가가 모인 집합체다. 터너 프라이즈 심사위원들은 어셈블이 이끈 도시 재생 프로젝트가 일련의 예술성을 갖췄다고 판단했고, 기성 예술가 사이의 논란에도 불구하고 그들에게 상을 주었다.

어셈블의 작업 중 눈여겨볼 것은 초기 작업 중 하나인 주유소 극장The Cineroleum이다. 어셈블은 수요 감소로 인해 문을 닫은 주유소가 늘어나는 영국의 사회 문제에 집중했다. 3,500개소가 넘는 폐주유소가 마을에 어떤 영향을 주는지 주목했는데, 폐주유소는 대부분 흉물로 변해 마을을 슬럼화했다. 어셈블은 주유소가 마을의 빈틈이 될 수 있다고 보고, 남은 구조체를 활용해 최소한의 작업만으로 변모시켰다. 기존의 지붕 밑으로 계단식 의자를 놓아

〈폐 주유소〉

〈주유소 극장The Cineroleum, 어셈블〉

좌석을 만들고 천막으로 가변형 외벽을 세워 영화관의 기본 틀을 만들었다. 그리하여 폐주유소는 무서운 공간이 아니라 사람들이 모이는 동네 영화관이 되었다. 주유소 극장 프로젝트를 시작으로 폐주유소를 활용한 공간 활용은 무궁무진해질 수 있게 되었다.

앞서 이야기한 것처럼 도시 곳곳에서 빈틈이 발견되고 그곳이 우리의 일상을 담는 공원이 된다면, 사람들이 쉽게 이용할 수 있는 공공의 공간이 된다면 어떨까? 공원에 놓일 벤치에 사랑하는 사람의 이름과 글귀를 새겨 놓는다면, 집으로 돌아가는 길에 잠깐 들러 하늘거리는 나뭇잎과 파란 하늘을 바라볼 수 있다면, 한동네 아이들이 커 가는 과정을 그 공원에서 지켜볼 수 있다면 어떨까? 언젠가 내가 가장 좋아하는 공원을 그토록 생생한 기억과 함께 말할 수 있게 되지 않을까.

장례식의 기억

죽음에는 어떤 집이 필요할까?

모든 사람이 언젠가 마주하게 되는 현실, 죽음. 나는 한적한 시골 요양원에서 쓸쓸하게 삶을 마무리하고 싶지 않다. 요양원의 작은 방, 몸에 꼭 맞는 아담한 싱글 침대에 누워 하루의 대부분을 보내다가, 다음 사람에게 자리를 넘겨주는 죽음을 맞이하고 싶지는 않다. 편안한 나의 공간에서 가족, 친구와 인사하고, 삶과 죽음이 하나인 것처럼 고단한 하루 끝에 잠을 자듯 눈감고 싶다.

죽음에도 공간이 필요하다. 우린 그동안 그것을 잊고 살았다. 사실 우리가 살아가는 집과 죽음의 공간이 분리된 것은 그리 오래되지 않았다. 1980년대까지만 해도 집에서 장례를 치르는 경우가 많았다. 나는 집에서 치르는 장례를 딱 한 번 경험해 보았는데, 죽음에 관한 최초의 기억이기도 한 외할아버지의 죽음을 통해서다. 그때의 경험만큼 죽음과 가족, 집과 장례 의식이 선명한 기억으로 남았던 적이 없다. 오랜 시간 집에 머물며 떠나간 사람의 빈자리와 남은 사람들의 애달픔을 눈앞에서 봤기 때문이다.

내가 고등학생이 된 그해 겨울, 시골의 농부로 사셨던 외할아버지는 당신의 집에서 자식과 손주들, 지인들과 마지막 인사를 나눴다. 나는 당시의 공간 분위기를 오감으로 느끼며 그의 상실과 부재를 생생히 기억하게 됐다. 그 후로도 의지를 넘어선 알 수 없는 무언가가 지속적으로 당시의 기억이 사라지는 것을 막는다는 느낌을 받았다. 지나고 보니 그것은 외할아버지의 장례가 당신이 평생 삶을 일구었던 논밭과 생활 터전인 집에서 이뤄졌기 때문이라는 데 생각이 닿았다.

볏단이 올라간 초가지붕, 여기저기 황토를 덧댄 벽, 불길 따라 까맣게 탄 아궁이 벽, 재래식 화장실, 큼지막한 대추나무, 소를 키웠던 외양간, 검게 탄 온돌 바닥 장판, 마당 한쪽에 세워져 집과는 어울리지 않는 비닐하우스, 비가 오는 날이면 진흙탕이 되던 마당과, 그곳에 난 손수레 자국, 물웅덩이를 피해 깊게 파인 발자국. 정겨운 외갓집의 풍경들. 집이 있던 마을 역시 생생하다. 여느 시골 마을처럼 마을 초입에는 작은 정자가 있고, 골목을 끼고 돌면 작은 공터에 폐쇄된 우물도 하나 있다. 다시 생각해 보면 그곳은 공터라기보단 광장이었을 것이다. 물을 긷기 위해 모인 마을 사람들의 북적거림이 떠오른다. 우물 옆 도르래와 물통이 남아 있는 걸로 보아 폐쇄된 지 얼마 되지 않은 듯한 그 우물가에서 나는 어린 시절의 내가 되어 있었다.

외할아버지의 부고 소식을 듣고 내려간 그날의 외갓집은 더 생생하게 기억난다. 밤이 되자 어른들이 피워 놓은 장작불의 경쾌한 소리와 짙은 불 향기가 온 마당에 퍼졌다. 큰 가마솥에서 끓는 육개장, 진한 기름 냄새, 마당에서 벌어지는 왁자지껄한 어른들의 놀음 소리, 시골 밤하늘의 별빛 아래 늦게 도착한 막내 외삼촌의 통곡과 애달프게 우는 이모들, 그리고 엄마의 눈물까지.

모든 죽음이 공평하게 슬프고 애석한 일이지만 외할아버지의 마지막 풍경만큼 나에게 오래 남은 죽음은 없다. 생전 당신과 나눈 추억도 많지 않아서, 늙은 농부의 막걸리 병과 거친 손과 발, 그을린 피부를 생각할 뿐이건만 나는 왜 그날의 죽음을 오래 기억할까? 그와 나 사이의 가늘었던 연결 고리는 그의 죽음 이후, 그러니까 당신의 집에서 펼쳐진 장례식의 과정을 추억하며 더 크고 두꺼워졌다.

하지만 지금은 어떤가? 우리는 죽음을 더 이상 망자의 집과 함께 추억하지 않는다. 거의 모든 이가 병원의 장례식장에서 이별을 맞는다. 한국의 장례 문화는 편의와 경제성을 따라 고착화되었고, 시설이 좋고 비싼 곳에서 장례를 치러 주는 것이 망자와 가족의 명예와 위신을 세우는 시대가 됐다. 떠난 이와 마지막 추억을 만들 기회가 사라졌다. 떠난 이의 공간에서 그의 흔적을 그리워할 순 없을까? 죽음에도 집이 필요하다. 천천히 속삭이듯 이 세계를 떠나는 사람의 이야기를 담아낼 집이 우리에겐 필요하다.

*

2006년 베니스 비엔날레 초청 작가로 참여한 건축가 김찬중의 도시인의 마지막 주거The Last House 제안은 도시에 사는 우리가 죽음의 공간을 설계하는, 의미 있는 대안이 된다. 그는 작품을 통해 도시 속 장묘 문화에 문제의식을 드러냈다. 묘지는 도시와 떨어진 외딴 곳으로 옮겨지고 묘지의 과밀화는 납골이라는 형식적 변화로 이어졌다. 묘지 과밀화와 납골당의 단순한 적층 방식이 도시민에게 환영받지 못하는 시설이 되었다는 것이다. 이 문제에 대한 그의 대답은 도심형 납골타워 프로젝트로 이어진다. 동물의 근육 다발이 유기적으로 꼬인 형태로 설계된 타워는 18개의 구조 블록으로 나뉜다. 비어 있는 블록에 납골함이 채워지면 건물의 입면 디자인이 완성된다. 건축가는 거대한 납골 타워를 오르내리는 경험을 통해 도시민이 삶과 죽음의 의미를 되새기기를 기대했다. 그리고 현시대에 적합한 헌화의 방식인 '디지털 플라워'를 제안했다. 구체적인 작동 방식은 고민해 볼 문제지만 휴대폰으로 납골함을 점등하는 방식인데 어디서든 고인을 생각하며 헌화할 수 있는 방법이다. 도시인의 마지막 주거는 납골함이 채워짐에 따라, 점등됨에 따라 시시각각 다른 모습으로 변모하며 '살아 숨 쉬는 마지막 주거'가 되는 것이다. 그곳에선 죽음의 공간이면서 삶의 공간이 되는 생명의 역설이 펼쳐진다.

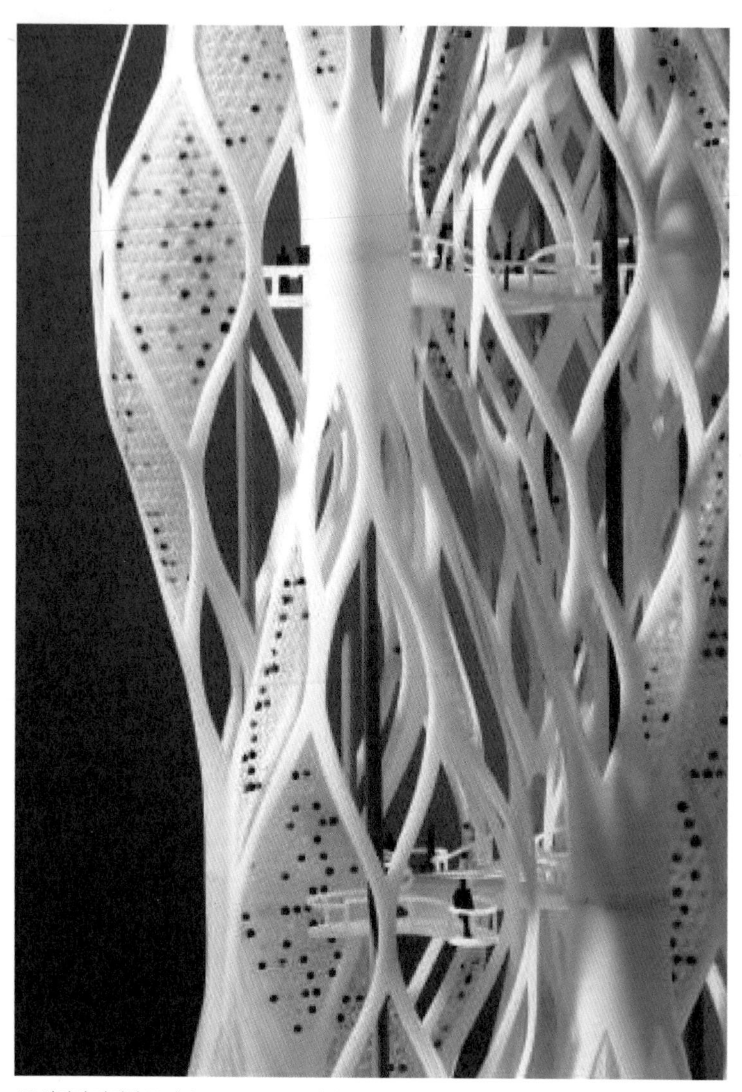

〈도시인의 마지막 주거The Last House, 김찬중〉

조용한 어느 곳에 불시착한 건축

도시는 무엇을 통해 낯설어질까?

후배 C와 친해진 것은 2006년 설계 수업 이후였다. 조용하고 차분한 성격이었던 우리는 한 살 차이가 났지만 학년이 같았기 때문에 선후배와 친구를 넘나드는 사이가 됐다. 갓 군대를 전역하고 복학한 아저씨들로 나름의 연대 의식도 있었다. 그와 나의 공통적인 관심사라면 새로운 전시가 열리는 미술관 가기, 건축물 답사, 걷기 정도였다. 그와의 인연은 유학 시절까지 이어져 런던에서는 같은 방을 쓰는 룸메이트가 되었다. 나는 먼저 졸업하고 한국에 왔지만 그는 과정이 남은 관계로 런던에 혼자 머물렀고, 한참 후 런던에서 우리는 재회했다. 내가 방문할 거란 소식을 듣고 C는 함께 갈 전시회 리스트를 작성하고 있었다.

그가 나를 데려간 첫 번째 장소는 런던 시내에 있는 하이드 파크Hyde Park였다. 세계적인 대지 미술가 부부 크리스토와 잔 클로드Christo and Jeanne-Claude가 호수 중간에 설치한 런던 마스타바The London Mastaba로 유명해진 곳이었다. 마스타바는 이집트의 사다리꼴 전통 분묘를 뜻하는데 해석하면 런던 분묘가 된다. 잔 클로드는 2009년 사망했고 크리스토만 작업을 이어 나가고 있다. 그들의 작업은 도시와 자연에 새로운 모습을 부여하는 데 초점을 둔다. 거대한 천으로 섬 주위를 감싼 서라운디드 아일랜드Surrounded Islands, 수십 킬로미터에 이르는 울타리를 세운 러닝 펜스Running Fence, 고전주의 양식의 관공서 건물을 천으로 꽁꽁 싸맨 포장된 국회의사당Wrapped Reichstag 등이 이에 속한다.

공원 입구에서 호수로 다가갈수록 조금씩 드러나는 런던 마스타바의 거대한 분묘는 세상에서 처음 본 광경으로 우리를 매혹시켰다. 폐석유통을 피라미드 형태로 쌓아 올린 이 작품은 거대 구축 방식에 하양, 빨강, 파랑, 분홍으로 이뤄진 색채 조합이 환상적이었다. 작품이 놓인 호수와 배경이 된 하늘은 무수히 많은 석유통 표면에서 산란하는 빛과 함께 '고정되어 있으나 변하는' 장관을 연출했다. 작품에 더 다가가기 위해서는 보트를 빌려 타야만 했는데, C와 나는 서로 마주 보고 노를 젓는 것은 2007년 베르사유 궁전 앞 호수 이후로 다신 하지 않으리라 다짐했기 때문에 나란히 앉아 페달을 밟는 오리배를 탔다. 열심히 페달을 밟고 방향을 잡아 작품까지 가다 서다를 반복하고 물 위에 떠서 흔들리는 배에서 넋을 잃고 작품을 바라봤다. 작품 하나가 호수에 내

〈런던 마스타바The London Mastaba, 크리스토와 잔 클로드〉

〈포장된 국회의사당Wrapped Reichstag, 크리스토와 잔 클로드〉

려앉아 공원 전체를 낯설게 만들고 있었다. 그리고 그 장면은 '낯선 도시를 어떻게 만들 것인가?' 하는 질문으로 이어졌다.

*

서울과 같은 대도시의 풍경은 끊임없이 변한다. 하지만 그 변화는 역동성과는 조금 다른 모양새를 띤다. 다양성이 사라진 채 지하철에 줄지어 늘어선 성형외과의 광고처럼 천편일률적인 인상을 만들어 내고 있기 때문이다. 우리는 도시에 너무 쉽게 익숙해진다. 어느 도시를 가든 비슷한 풍경의 연속이다.

도시 공간을 낯설게 만들 필요가 있다. 공간을 낯설게 만드는 것은 무엇인가? 본질적으로는 공간을 바라보는 시각의 주체가 느끼는 감정인 '낯섦'은 어떻게 만들어지는가? 기존의 관념, 상식, 틀을 벗어난 한 장면이 우리를 낯설게 만든다. 그렇다면 기존의 틀을 벗어난 한 장면은 무엇인가? 쉬운 예로 대비의 효과를 극단적으로 높이는 방법이 있다. 초고층 건축물들 사이에 한옥으로 지어진 작은 정자 하나, 거대한 사막 위에 서 있는 인공적인 철판 하나, 무채색 도시에 세워진 거대한 미키마우스 인형 하나, 중력을 거슬러 떠 있는 미확인 물체 하나. 바로 이런 장면들을 통해 우리는 기존의 경관과 도시 질서와는 다른 이유로 낯선 감정을 느낀다. 낯섦은 그 자체로 신선한 자극을 만들고 재미와 호기심을 이끌어 내기에 필요하다.

낯선 존재, 공간, 장면은 우리의 인지 세계를 자극한다. 자극을 통해 발생한 재미와 호기심 같은 감정은 사유의 확장으로 연결된다. 이는 우리가 동물과 다른 근원적인 요소이기도 하다. 낯섦을 감각하는 단위는 인간과 인간 그리고 인간과 다른 사회의 관계에서만 이뤄지는 것은 아니다. 국가 단위, 대륙 단위, 인종 단위, 문명 단위끼리도 만난다. 그래서 서로 다른 문명이 만나 낯섦을 받아들이는 과정이 융합 혹은 통합의 기저에서 문명의 발전으로 이어지기도 하고, 충돌을 일으켜 극단적인 결말로 이어지기도 한다.

요즘 시대의 낯섦은 문명, 국가, 사회의 틀보다 개인의 성격, 취향의 차이로 인식되는데, 개인의 성격과 취향에 영향을 끼칠 수 있는 정보와 매체가 다양해졌기 때문이다. 동서양을 막론하고 국가나 문화의 차이를 넘어서 경계 없는 시대로 점차 진입하고 있으며, 타인과 자신이 서로 다르다는 전제 위에 개인의 취향이 존재하기 때문이다. 개인의 차원에서 낯섦을 인식하는 대표적인 매체는 현대 예술이나 현대 건축일 것이다. 여기서 이야기하는 '현대'는 특정한 양식, 형태, 문화가 소거된 개념이다.

서도호 작가는 최근 런던의 도심 한복판에 한옥 건물 한 채가 난간에 위태롭게 박혀 있는 작품을 설치했다. 이 작품을 현대 미술로 이야기할 수 있는 지점은 한옥이라는 전통 건축이 런던이라는 다른 문화와 역사를 가진 도시 한복판에 위태롭게 박혀 있다는, 일상과 예측을 넘어 파격을 보여 주기 때문이다. 결국 이 작품의 본질은 '낯섦을 어떻게 만드는가?'로 귀결된다.

현대 예술에서 '낯설게 하기'는 필수 문법처럼 여겨진다. 거기에는 새로움, 창조와 같은 현대 예술의 기조가 내포되어 있다. 일반적인 미술관은 엄격하게 통제된 공간일 뿐만 아니라 관람객에게 일상과 분리된 다른 세계로의 진입을 경험하게 한다. 그 과정에서 관람객은 스스로 낯섦과 충격의 공간이 될 거라고 예상하며 오히려 낯섦이 완화되는 반작용을 경험하게 된다. 반면 일상에서 불현듯 마주하게 되는 거대 설치 작품은 비현실적인 스케일은 차치하더라도 작품과의 마주하는 '우연'의 방식으로 낯섦을 가중한다.

건축은 오래전부터 규모적인 낯섦을 만들어 내는 주요한 매체였다. 이집트의 피라미드가 대표적이다. 파리의 에펠타워는 어떤가. 석재 중심의 서구 유럽의 도시 경관에서 기존에 없는 철재 구조물로 거대한 대비를 만들어 냈다. 지금은 파리를 생각하면 떠오르는 아이콘이 되었지만 처음에 에펠타워를 본 사람들은 커다란 이질감을 느꼈다. 새로운 구조물을 향한 인식의 변화야말로 시간의 역설이고 아이러니다.

서울의 동대문 디자인 플라자DDP는 어떤가. 건축의 설립 배경과 경과는 차치하고 서울 도심 한복판에 영화 〈스타트렉〉에서나 봤을 법한 우주선 한 대가 내려앉은 모습은 그 자체로 거대한 낯섦이 되었다. 기존의 익숙한 박스형이 아닌 굽이굽이 건물들이 연결되어 있는 유기체의 건축은 새로움과 호기심을 유발했다. 실크 옷으로 감싼 듯 흘러내리는 모습의 외피, 창이 밖으로 전혀 드러나지 않는 구조, 내부 공간 구성을 궁금하게 만드는 외부, 예측할 수 없는 공간으로 이어지는 동선, 건축의 내·외부는 신선한 경험의 연속이 된다. 한편 이 역시 어떤 이에게는 불편으로 다가가기도 한다. 사고의 전개와 결말이 정반대로 작동하는 경우도 있어서, 새로움과 낯섦의 즐거움을 불균형과 부조화로 인식하기도 한다. 그 공간의 미래는 어떻게 될까? 10년 후, 아니 100년 후에는 우리 도시에서 어떻게 자리매김하게 될까?

*

낯선 건축의 예시는 혁신적인 아이디어로 각광받는 건축 그룹 아키그램Archigram을 빼고 논할 수 없다. 아키그램은 1961년 영국에서 결성된 건축가 집단으로, 건축의 영문 '아키텍처Architecture'의 아키와 전보를 뜻하는 '텔레그램Telegram'을 결합한 의미를 가졌다. 그들은 당시 영국 건축과 디자인계에 긴급 전보를 친다는 의미로 이름을 지었다. 그만큼 혁신적인 태도를 견지했는데 그들은 자신들의 생각을 잡지를 통해 세상에 알렸다. 르 코르뷔지에가 그의 생각을 새로운 정신이라는 뜻의 잡지 《레스프리 누보L'Esprit Nouveau》에 녹여냈듯, 몬드리안이 잡지 《데스틸De Stijl》을 통해 신조형주의를 주창했듯, 반세기가 지나 새로운 주류가 된 구세대에게 통쾌한 메시지를 전달한 것이다. 그들은 현대 도시의 새로운 청사진을 전위적이고 낯선 모습으로 제안했다. 개인과 속도, 이동이라는 관점을 작품에 표현했는데 공상 과학 만화에 등장하듯 건물이 움직이는 워킹 시티Walking City와, 모든 건축 요소가 소모품으로 이뤄져 인프라스트럭처인 소켓에 플러그 인과 아웃을 반복하는 플러그인 시티Plug-in City 등이 대표적이다. 그들의 작업은 대부분 그림으로만 남았었는데, 플러그인 시티를 제안한 피터 쿡Peter Cook은 2003년 실제 건축물을 오스트리아 그라츠에 남겼다. 오랜 유럽 도시에 어느 날 갑자기 외계 우주선이 불시착한 듯 불안과 낯섦이 공존하는 검은 물체를 얹어 놓은 것이다.

나는 낯섦이 도시에 선사하는 자극 그 자체가 좋다. 거대한 예술 작품은 말할 것도 없다. 하지만 건축은 상황이 조금 다르다. 건축은 예술가가 자신의 생각만을 구현하는 예술품이 아닌 이유로, 주변의 다양한 맥락들을 고려해야 하는 분야다. 클라이언트의 요구, 땅의 상황, 주변 건물과의 관계, 예산의 한계, 법적 규제 등등 복잡하게 얽혀 있는 모든 관계망을 고려해야 한다. 만약 그 관계망을 벗어난 낯선 건축이 도시에 나타났다면, 그렇게 태어난 낯선 건축은 도시에 살아가는 우리에게 분명 좋은 자극제가 될 것이다.

〈워킹 시티Walking City, 아키그램〉

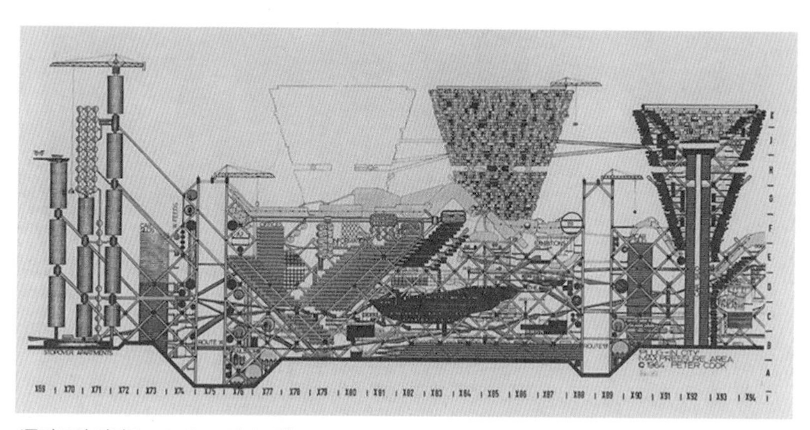

〈플러그인 시티Plug-in City, 아키그램〉

〈그라츠 아트 뮤지엄Kunsthaus Graz, 피터 쿡〉

2부

개인과 공간

가장 가까운 거리의 건축가

건축가는 예술가일까, 디자이너일까?

처음 건축가를 만난 건 대학 시절이다. 그전까지는 건축가가 어떤 일을 하는지 전혀 알지 못했다. 집과 관련해서는 기껏해야 장판과 벽지를 교체하고 조명을 새로 설치하거나 가구를 배치하는 정도의 경험뿐이었던 내게 건축가란 '없는 존재'나 다름없었다. 동네에는 보일러나 수도를 수리하거나 장판과 벽지를 가는 사람들뿐이었다. 당시 내게 건축가에게 일을 의뢰한다는 건 법원이나 경찰서에 가는 것만큼이나 동떨어진 세계의 이야기였다.

건축에 대한 첫 기억이라고 굳이 짜내어 이야기해 보자면 집을 고쳐 주는 TV 프로그램을 통해서였다. TV 속 건축가는 신비한 마술쇼처럼 숨겨진 수납공간을 소개했다. 당시에는 우스꽝스러운 광경이라고 생각했지만 돌이켜보면 TV 예능으로 적합한 화법이라는 생각이 든다. 건축에 관한 진지한 대담이나 강연은 많은 청중을 모으는 데 한계가 있었을 것이다. 나에게 건축가는 그야말로 실체 없는 존재나 다름없었다.

그렇다면 건축가는 누구인가? 우리는 어떤 사람에게 건축가라는 이름을 붙일 수 있는가? 누군가는 법적 지위를 가진 건축사만이 진짜 건축가라고 주장하고, 또 누군가는 법적 지위와는 관계없이 설계를 담당할 수 있는 사람 모두를 건축가로 통칭한다. 혹은 인문학적 접근으로 건축가의 영문 '아키텍트Architect'에서 의미를 찾는 이도 있다. 아키텍트는 그리스어로 으뜸을 뜻하는 '아키Archi'와 목수를 뜻하는 '텍톤Tecton'의 조합을 통해 만들어졌다. 즉 목수를 관리하는 사람 혹은 감독의 역할이라는 것인데 당시에는 집이나 건물뿐 아니라 토목, 건축, 일상용품 등 만드는 모든 것에 관여하는 감독관을 의미했다.

사실 건축가를 알기 위해서는 건축가의 역할이 무엇인지 알아보는 것이 보다 현명할 것이다. 건축가는 한마디로 '집을 짓는 사람'이다. 집을 짓는 데 필요한 모든 과정에 참여하고 조율을 거쳐 하나의 건축물을 만드는 사람이다. 설계뿐만 아니라 토목, 구조, 설비, 전기, 인테리어 전문가와 협력하며 모든 과정을 감독하는 사람이 바로 건축가다.

*

건축가를 이해하기 위한 유효한 방식 중 하나는 예술가와 디자이너의 차이를 살피는 것이다. 브루노 무나리Bruno Munari는 《예술가와 디자이너Artista e Designer》라는 책에서, 예술가가 환상에 기반을 둔 심미를 추구한다면, 디자이너는 창의성을 바탕으로 실용을 추구한다고 밝힌 바 있다. 예술가의 본질은 자기의 사고를 발현하는 데 있지만 디자이너는 사용자의 요구를 전제로 사고하는 사람이라는 데 차이가 있다. 무를 자르듯 그 차이를 명확하게 밝힐 수는 없겠지만 경향성의 측면에서 일리 있는 비교다.

"건축가는 예술가인가, 디자이너인가?"라는 질문을 던져 보면 보다 분명하게 건축가의 의미에 다가갈 수 있다. 건축가 역시 스스로 존재할 수 없고 사용자의 만족과 고객의 비용, 설계의 합리성 등 실용의 영역을 고려한 뒤 건축가만의 심미안을 더해 하나의 건축을 만든다. 그러므로 건축가는 디자이너에 가깝다.

그렇다면 건축가는 예술가가 아닌가? 건축가에게는 분명 예술가의 면모가 있다. 동대문 디자인 플라자를 설계한 자하 하디드Zaha Hadid나 빌바오 구겐하임 미술관을 설계한 프랭크 게리Frank Gehry 같은, 비정형 건축을 지향했던 사람들을 보면 이해가 쉽다. 불과 20~30년 전만 해도 그들의 그림은 실현 불가능한 예술가의 영역에서 이해되었다. 하지만 그것이 실제 건축으로 옮겨질 때 그들은 디자이너가 되어야 한다. 공동의 이익과 만족을 따져야

〈동대문 디자인 플라자DDP, 자하 하디드〉

〈빌바오 구겐하임 미술관Guggenheim Museum Bilbao, 프랭크 게리〉

하는 위치에 들어섰기 때문이다. 순수 예술 분야로 영역을 확장해 보자. 여전히 자신의 작업실에서 영감에만 의지해 창작 활동을 하는 예술가도 많지만, 대중의 선호를 염두에 두고 상품화와 연계된 작업을 하는 예술가도 많아졌다. 디자인의 예술화, 예술의 디자인화가 혼재될수록 경계는 더욱 모호해진다. 정리하자면 건축가는 집을 짓는 사람이고 예술가보다는 디자이너의 역량을 발휘하는 사람이지만, 요즘에는 경계가 점차 무뎌져 가고 있다는 것이다. 하지만 여전히 답이 구체적이지 않다.

*

그래서 내일이라도 당장 만날 수 있는 우리의 건축가는 누구인가? 집을 지으려고 할 때 이 일을 맡아서 진행해 줄 건축가는 누구인가? 한정된 예산으로 나와 나의 가족의 삶을 살피며 살뜰하게 집을 지어 줄 사람은 누구인가? 서울시청을 설계한 유걸인가, 교보타워를 설계한 마리오 보타Mario Botta인가. 그러나 우리의 눈은 유명 건축을 설계한 건축가가 아니라 다른 곳으로 향해야 한다. 내가 사는 지역의 환경과 인문에 대해 경험과 지식이 쌓인, 그래서 온전한 지혜가 흘러나올 수 있는 그런 '동네 건축가'를 찾아야 한다.

동네 건축가는 특정 건축가를 지칭하는 단어는 아니다. 특정 지역에 거주하는 건축가를 의미하는 것도 아니다. 그 기준은 건축 작업의 규모와 건축을 대하는 태도에 있다. 공공 청사나 주택 단지 같은 대형 설계 프로젝트가 아니라 동네에 기반을 둔 소규모 주택, 상가, 마을 도서관, 주민 센터 같은 마을 단위의 공공 프로젝트를 진행하는 건축가가 동네 건축가다. 요즘같이 도시 재생이 화두인 시기에 동네 건축가의 존재는 더 큰 의미를 갖는다. 도시 재생이란 오래된 건물을 고치거나 새로 짓는 물리적 재생에 머무는 것이 아니라 지역과 주민이 지속 가능한 환경을 만드는 데 있기 때문이다.

동네 건축가의 전형은 앞서 언급한 것처럼 건축을 대하는 태도에서 발견할 수 있다. 동네 건축가는 주민의 일상과 밀착된, 소소하지만 다양한 방식의 건축을 다루는 사람들이다. 그래서 그들의 언어는 높은 이상과 비전에 있는 것이 아니라 지역 주민의 눈높이에 있어야 한다. 사용자의 눈높이에서 모든 건축의 사소한 디테일을 쉽고 명확하게 설명할 수 있어야 한다는 의미다.

2017년 프리츠커 건축상Pritzker Architecture Prize을 받은 스페인의 RCR 건축은 동네 건축가의 모범을 보여 준다. RCR은 라파엘 아란다Rafael Aranda, 까르메 피헴Carme Pigem, 라몬 빌랄타Ramon Vilalta가 결성한 건축 그룹으로, 그들은 모두 건축을 공부한 뒤 고향인 올로트로 돌아가 함께 건축 사무소를 차렸다. 동네 건축가와 세계적인 건축상의 만남이 어울리지 않아 보이지만, 진정성 있는 작업으로 인정받았다는 점에서 의미가 크다. 그들은 그들이 성장하고 살아 온 지역에서 건축 작업을 주로 진행했고, 고층 빌딩이

나 쇼핑몰 같은 대형 프로젝트에는 참여하지 않는다는 원칙을 지켰다. 그들 건축의 화두는 지역과 조화를 이루는 작품을 남기는 것이었다. 지역성을 살리는 작품 토솔-바질 육상트랙Tossols-Basil Athletics Track 프로젝트는 공원에 있는 떡갈나무 군집을 남겨 둔 채 트랙을 설계한 작품이다. 기존 공원의 풍경을 해치지 않으면서 건축을 대지 위에 놓아두는 방식은 환경에 대한 존중과 조화의 의미를 담고 있다.

RCR의 라 리라 극장 오픈 스페이스Public Space Teatro La Lira 프로젝트는 그들의 건축 언어를 더 명확하게 보여 준다. 극장이었던 건물이 화재로 철거되고 남은 공터를 공공의 공간으로 만드는 것이 그들에게 주어진 과제였다. 그들은 마을 사람들이 모였던 극장이라는 장소의 기억을 남겨 두기 위한 계획을 세웠다. 지상 층은 전면과 후면을 개방한 뒤 주변 건물의 규모에 맞게 구조체를 세웠는데, 이는 극장의 대형 화면과 같이 주변 경관을 바라보는 액자 역할을 했다. 프레임의 전면과 후면을 크기가 다른 사다리꼴 형태로 계획함으로써 입체적인 액자를 만들었고, 자연스럽게 소실점이 되어 원근감이 느껴지는 효과를 가져왔다. 지역 커뮤니티를 위한 실내 공간을 지하에 계획하며 지상 층은 일종의 광장이 되었다. 그리고 강 위에 다리를 놓아 접근성을 높였다. 기존의 도시 질서를 유지하고 보완하는 그들의 건축은 장소를 활용하는 주민들에게 기억의 반추와 영감을 불러일으킨다.

지금 당신에게 당장 기억나는 건축가가 누구인지 묻는다면

저 멀리 외국의 유명 건축가나 교과서에나 봤을 법한 건축가들을 말할 수 있다. 혹은 아파트의 브랜드 이름을 말할 수도 있겠다. 그러나 가까운 미래에는 우리가 사는 지역에서 우리의 기억과 환경을 보듬는 동네 건축가의 이름이 들리길 기대한다면 과한 바람일까.

〈토솔-바질 육상트랙Tossols-Basil Athletics Track, RCR〉

〈라 리라 극장 오픈 스페이스Public Space Teatro La Lira, RCR〉

최초의 웅크리는 존재

좋은 집이란 무엇일까?

나는 대학에서 건축 설계 수업을 진행한다. 가르친다는 단어가 아직 어색하고 오히려 내가 배운다는 생각 때문에 수업을 진행하고 같이 공부한다는 표현이 적절하다. 교과 과정은 간단하다. 주택, 사무실, 문화 시설 등을 설계하는 것이다. 물론 하나의 건축이 탄생하는 데 드는 수많은 사람의 노력과 시간을 생각한다면 말처럼 간단치는 않다. 1대1 수업을 기본으로 하다 보니 학기가 진행될수록 학생들의 다양한 면모가 드러난다.

그런 학생이 있다. 교실 밖으로 나가 버린 영혼을 겨우 붙잡고 있는 학생. 과제는 하고 싶을 때 하는 것이고 생각은 내가 물을 때에야 비로소 하는 학생. 당혹스러울 만큼의 백지를 꺼내어 보이는 학생. 그들 앞에서 나의 말들이 무용함을 안다. 그들은 자신의 세계를 펼쳐 두고 유영하며 살고 있다. 학교 밖에서 무엇을 통해 자신을 발견하고 있는지, 혹은 방황을 하고 있는지는 알 수 없다.

그런가 하면 저런 학생도 있다. 항상 적당한 선을 지키는 학생. 과제를 하지만 자신의 생각을 담은 것도 아니고 담지 않은 것도 아닌, 항상 적당함만을 추구하는 학생. 여기서 적당히 한다는 것을 정량적으로 평가한다면 모든 항목에 동그라미가 채워지는 학생 말이다.

이런 학생이 있다. 뭔가를 기대하게 만드는 학생. 수업 시간이 되면 대단한 것을 들고 나타날 것만 같은 학생. 질문의 본질에 대해 탐구하는 학생. 사유를 발전시켜 결과물을 만들어 내는 학생이 있다. 그렇다고 해서 앞서 언급한 '그런 학생'과 '저런 학생'이 학교생활을 잘못하고 있다고 말하는 것은 아니다. 모든 학생에게는 저마다 추구하는 인생의 가치와 본질이 있을 것이니 그저 그들의 길을 가면 될 뿐이다.

나를 돌이켜 보면 분명 무언가를 기대하게 만드는 학생은 아니었다. 선생님의 기대를 받는 학생이 되고 싶었지만, 대개는 그렇지 못했다. 분명한 것은 어떤 한계에 부딪혀 괴로움을 느낄 때가 많았다는 것이다. 고민의 시간만큼, 내가 닿고자 했던 욕망만큼 만족스러운 결과가 있었던 것은 아니지만 그때 그 시간들이 나에게는 소중했다.

*

설계 수업의 본질은 무엇인가? 스스로 질문과 대답을 만들어 보는 것이다. 내가 생각하는 주택은 무엇인가? 어떻게 거주 환경을 좋게 만들고 거주자의 취향을 담을 것인가? 땅과 주변 환경은 집을 설계하는 데 어떤 영향을 주며 이를 어떻게 반영해야 하는가? 건축물의 개념을 어떤 조형과 비례로 형상화할 것인가? 학기마다 이런 질문에 대해 자신의 대답을 설득력 있게 내보이는 것이 곧 설계 수업이다.

집은 무엇인가? 집의 본질은 무엇인가? 인간이 살아가는 데 필요한 조건인 의식주 중 한 요소일 뿐인가? 아니면 우리가 살아가는 데 중요한 의미를 부여할 만한 대상인가? 돈을 벌기 위한 수단인가? 집의 의미는 시대와 사회에 따라 변화해 왔다. 발레리 줄레조Valerie Gelezeau가 대한민국의 거주 문화를 '아파트 공화국'이라는 명쾌한 단어 조합으로 설명한 것처럼 현재 우리의 집은 부동산과 아파트로 정리할 수 있다. 하지만 우리의 이야기가 단지 부동산과 아파트로 끝나는 것은 무언가 석연치 않다. 만약 어느 제약 회사가 인간이 살아가는 데 필수적인 영양소와 열량을 알약 하나에 담을 수 있는 기술을 개발했다면 우리는 어떤 선택을 할까? 수많은 식재료의 다양한 형태와 맛, 조리법이 주는 즐거움을 포기할 수 있을까? 물론 사람마다 선택이 다르겠지만, 우리가 살아가는 데 필요한 요소들이 단지 철저한 도구가 되었을 때 잃어버리는 가치들이 생기기 마련이다.

집은 우리가 살아가면서 경험하게 되는 모든 공간의 시작점이다. 사회의 다양한 시설과 건물들은 모두 집의 확장이다. 예를 들어 교회를 기도하는 공간, 예배를 드리는 공간이라고 정의한다면 우리는 교회를 '기도하는 집'이라고 말하거나 '예배드리는 집'이라고 말하는 데 전혀 문제를 느끼지 못할 것이다. 그 외에 집, 학교, 식당, 도서관, 미술관, 백화점, 영화관, 교회, 체육관, 사무실 등 특정한 기능과 공간의 쓰임새에 따라 공간은 분화된다. 다양하게 분화된 집을 이야기하려면 집의 피상적인 외연보다 본질에 다가가야 한다. 하지만 본질에 다가가기 쉽지 않은 이유는 자본주의 사회에서 집은 부동산이라는, 부를 창출하기 위한 교환재로 그 성격이 변했기 때문이다. 그런 상황 속에서 공간의 가치와 중요성을 온전히 느끼기란 요원한 일이다.

다시 '집은 무엇인가?'라는 본질에 관해 20세기의 위대한 건축가 루이스 칸Louis Kahn의 이야기를 소개하고 싶다. 그는 학생들과의 대화에서 청소년 클럽에 관해 질문을 던졌다. "무엇이 청소년 클럽인가? 어떤 공간이 청소년 클럽의 본질과 맞닿을 수 있는가?" 그는 청소년 클럽은 특정한 형태를 지닌 건축이 아니라 학생들이 모이는 행태, 교류하고 노는 모습 그 자체에 의미가 있다고 스스로 답했다. 쉽게 말해 청소년이 모여 노는 장소가 청소년 클럽이라는 말이다. 그러고는 이렇게 덧붙인다. "놀이란 고무되는 것이지, 조직되는 것이 아니다." 인간의 자연스러운 행동에 걸

〈필립스 엑서터 아카데미 도서관Phillips Exeter Academy Library, 루이스 칸〉

맞은 공간 계획이 최적의 건축이라는 의미일 것이다. 물론 그가 내린 정의가 유일한 진리는 아니다. 생각이 다른 건축가의 수만큼 가능성은 열려 있어야 한다. 그래서 모든 건축 공간, 즉 모든 집과 방은 그 공간에서 다양하게 해석된 본질적 요소가 설득력 있게 드러나야 한다.

나는 일상에서 매일 지나치는 건물이나 무심코 한 공간에 들어갔을 때 의식적으로 질문을 던진다. 이 공간의 본질은 무엇일까? 누구를 위한 공간이고 그것을 어떻게 구현했는가? 건축가의 의도와, 실현된 공간과, 그 공간을 경험하는 사람의 시각을 끊임없이 관찰하고 곱씹어 본다. 그리고 그 공간에서 건축가가 건네는 이야기에 설득당하거나 반박하며 공간과 감응한다. 그것이 내가 도시 속 건축과 대화를 하는 방식이다.

*

집의 본질을 알기 위해 인류 '최초의 집'은 무엇이며, 집에 깃든 의미는 무엇이었을지 상상해 보고자 한다. 사실 최초의 집은 정의하기가 다소 모호한 측면이 있다. 인류의 역사 250만 년 중에 기껏해야 1만 년 전 주거의 흔적을 연구하는 상황이니, 집의 역사는 뿌연 안개가 낀 지평선을 바라보는 것만큼이나 답답해 보인다. 때문에 다소 거창하나마 인류의 흔적을 되짚어 보는 데서 집의 흔적을 찾으려 한다. 먼저 집이라는 의미를 부여하기 위해서는 두 가지 조건이 필요하다. 바로 대지와 인간이다.

최초의 집은 엄혹한 자연에 그대로 노출된 인류가 접했을 당혹감에서 시작되었다. 혹독한 환경 속에서 불을 다루게 되었고, 집의 '발견'은 그렇게 시작됐다. 동굴 같은 물리적인 공간을 발견했다는 의미가 아니라 경험을 통해 집의 개념과 가치를 발견했다는 의미다. 가령 불을 일상적으로 사용한 30만 년 전에는 불의 온기가 미치는 일정한 영역이 집을 의미했을 것이다. 온기가 만들어 내는 원형의 아우라, 무형의 안정감이 곧 자신들의 거처임을 깨닫고 그 경계에 나무를 세워 비와 바람을 막았을 것이다.

그와 반대로 집은 발견이 아니라 창조라는 의견도 있다. 나무막대기로 선을 하나 긋고 팔을 쭉 뻗어 원을 그리는 것. 더 나아가 허공에 대고 손을 가로지르며 가상의 선을 긋는 것. 자신의 영역임을 밝히는 무형의 움직임은 발견이 아니라 창조다. 집을 하나의 경계로 본다면, 나와 타자를 분리하고 안과 밖을 구분하는 사고는 집의 존재를 가능케 한 깨달음이다.

앞선 두 가지 주장 외에도 또 다른 가설을 펼쳐 보자. 집은 무의식과 몸의 기억이 발현된 결과물일 수 있다. 집의 원형이라는 생각이 흘러 도달한 곳은 어머니의 자궁이다. 인간에게 최초의 집은 따뜻한 양수로 가득한 자궁이었다. 정자와 난자가 만나 작은 배아가 된 태아는 10개월 동안 어머니의 배를 집으로 인식했다. 항상 따뜻하고 푹신한 은신처이자 영양소를 가득 섭취할 수 있는 최적의 집이었다. 태아 때 경험한 따뜻한 기억은 집의 원형을 이루는 요소들을 제공했다. 태아가 세상 밖으로 나오면 자신의 팔과 다리로 머리와 심장을 감싸 보호한다. 모든 내장 기관을 뼈대와 자방과 피부로 보호함으로써 인간은 자신의 몸에 최초의 집을 지었다. 최초의 인공 구조물을 계획하고 동굴을 찾아 해매고 덤불로 둘러싸인 안정적인 공간을 찾는 방법은 수만 년, 웅크림의 시간을 거쳐 찾아낸 것들이었다. 그러므로 최초의 집은 인간이 영원히 도달할 수 없을 것 같은 영역인 몸의 신비에서 시작된 것이다.

최초의 집은 안정감, 포용, 따뜻함, 웅크림, 껴안음, 경계 그리고 가족이 뒤섞인, 정의되지 않은 존재였다. 거창하게 최초의 집을 이야기했지만 이제 우리에게 우리가 사는 집은 무엇인지 조금 더 구체적으로 대답할 차례다.

대체 불가능한 건축

좋은 공간에는 어떤 요소가 필요할까?

"좋은 공간에 관한 경험을 이야기해 보자." 수업 시간에 학생들에게 질문을 하나 던졌다. 뜬금없는 나의 제안에 학생들은 서로 눈치만 보고 말하기를 주저했다. "그럼 이렇게 이야기해 보자. 우리가 평소에 경험하는 학교 건물처럼 단순히 계단을 오르고 복도를 지나 강의실에 들어가는 과정이 아닌, 다른 방식으로 공간을 경험한 적은 없니? 미술관이나 박물관 같은 공공건물도 좋아. 건축가의 의도가 드러난 공간을 이야기해 보자. 물론 유명한 건물에만 그런 공간이 있는 것은 아니야. 할머니의 시골집에도, 여행 중 우연히 지나친 작은 마을에도 충분히 있을 수 있으니까. 다른 분위기를 지닌 공간을 경험한 적이 없는지. 지나쳐 버린 기억을 되돌려 보자."

〈제주도 게스트 하우스 스케치〉

한 학생이 수줍게 손을 들었다. 그는 제주도의 한 게스트 하우스를 말했다. 그곳을 묘사하는 단어와 문장이 정확하지 않아 보드에 그림을 그려 설명하라고 했다. 그는 정사각형 하나를 그리고 그 안쪽으로 정사각형을 몇 개 더 그렸다. 정사각형 형태의 공간인데 바깥 테두리에는 방과 편의 시설이 위치해 있고 안쪽에는 계단식 거실이 있으며 그 중심에 난로가 있는 공간이라고 이야기했다. 난로를 관람하는 원형 경기장처럼 생긴 공간이었다.

나는 머릿속으로 공간의 분위기를 상상했다. 원래는 ㅁ자 형태의 야외 중정이 있는 집이었는데 리모델링을 통해 중정을 실내로 두어 온실처럼 따뜻한 분위기를 자아내는 이곳은 집 안 곳곳에 집의 역사를 알 수 있는 창틀이나 문틀이 그대로 남아 있고, 다양한 단차가 있어서 사람들의 시선이 즐겁게 오고 간다. 저녁이 되면 제주의 하루를 보낸 사람들이 난로가 있는 거실에 모여 따뜻하게 인사한다. 나는 머릿속으로 삼삼오오 모여 앉아 그날의 경험과 내일의 계획을 풀어 놓는 흥분을 상상했다. 난로의 불이 꺼질 때까지 남아 이야기꽃을 피우던 사람들의 행복한 눈을 떠올렸다. 이른 새벽 일출을 보기 위해 혹은 제주를 떠나기 위해 채비를 하는 사람들이 난로 곁에 앉아 마지막 불을 쬐는 모습과 인사를 나누는 모습을 상상했다.

공간을 건축하는 일이란 소파나 TV의 배치만으로 거실을 계획하는 게 아니라 누구라도 직관적으로 모일 수 있는 장소를 만드는 게 아닐까, 하고 나는 학생들에게 말했다. 태초의 인간들이 엄혹한 자연을 피해 움집 안에서 불을 피우고 모여 앉은 모습은 본질적인 거실의 시초나 다름없다. 학생이 이야기한 제주의 게스트 하우스는 사람이 모이는 공간을 불에 모여 앉는 인간의 모습을 통해 이뤄 낸 것이다.

*

'분위기'라는 단어를 자주 쓴다. 분위기와 가장 많이 호응하는 단어는 '좋다' 혹은 '안 좋다' 정도다. 하지만 분위기가 좋다는 말만큼 모호한 문장은 없다. 분위기는 물리적인 조건을 통해 만들어지는 것이 아닐뿐더러 좋다는 표현 역시 너무나 개인적이고 주관적이기 때문이다. 그래서 소위 '분위기가 좋은 공간'을 명쾌하게 정의할 수 없다. 분위기란 그저 또 다른 감각이 만들어 내는 현상인 것이다.

건축 분야에서 분위기를 가장 높은 위계로 올려 이야기한 사람이 있다. 스위스 건축가 페터 춤토르Peter Zumthor다. 그는 저서 《분위기Atmosphere》를 통해 공간의 분위기에 관한 몇 가지 담론을 제시한다. 가령 공간의 질을 결정하는 요소는 감동인데, 이 감동이라는 것은 공간의 분위기를 통해서 느끼게 된다는 것이다. 그는 분위기를 사람과 사람의 첫인상에 비유하며, 공간의 분위기를 결정하는 12가지 요소를 제시한다. 건축을 인간의 몸에 비유해 다양한 장기를 피부가 덮고 있는 것처럼 바라보는 관점, 물질(재료)의 조합, 공간의 소리, 온도, 주변 사물, 빛, 일관성, 아름다운 형태 등의 주제로 이야기했다. 원래 그 자리에 있음직하게 편안하고, 대체할 만한 건물을 상상하지 못할 만큼 자연스러운 건축을 통해 분위기가 형성된다고 했다. 특히 발스 온천장The Therme Vals은 그의 분위기 담론을 가장 잘 설명할 수 있는 사례로, 현지에서 나는 거대한 규암 덩어리를 끌로 파낸 다음 더운 물을 채운 공간이다. 그 공간에서 물과 빛, 열기와 증기 그리고 소리가 한데 섞여 목욕이라는 일상적이면서도 원초적인 행위가 하나의 의식처럼 느껴지도록 했다. 자연스러운 원형의 공간에서 인간과 자연이 만나 분위기를 형성하는 것이다.

페터 춤토르의 분위기 담론은 발터 벤야민Walter Benjamin의 예술작품에 관한 인식 개념인 '아우라Aura'와 묘하게 닮은 구석이 있

〈발스 온천장The Therme Vals, 페터 춤토르〉

다. 벤야민은 〈기술 재생산 시대의 예술 작품〉이라는 논문에서 기술 재생산 시대의 예술이 갖는 가장 큰 특징을 '아우라의 몰락'이라고 정의한 바 있다. 아우라는 예술 작품의 '원본이 지닌 분위기'를 말하며 원본 작품이 가진 의미뿐만 아니라 작품을 둘러싸고 있는 시간성, 공간성이 작품의 분위기를 결정한다는 이야기다. 아우라의 몰락은 진품이 복제되며 누구나 예술 작품을 사진이나 다른 매체를 통해 느끼게 되었지만 원본이 갖는 아우라는 상실되었다는 문제 제기다.

페터 춤토르가 2007년에 완성한 독일 쾰른의 클라우스 형제 예배당Bruder Klaus Field Chapel은 다른 어떤 대체 건축도 생각나지 않는, 편안하고 감동적인 분위기를 갖는 또 하나의 예시다. 가톨릭

신자의 의뢰로 1998년 작업을 시작한 예배당은 소박하게 기도하는 공간을 표현하며, 드넓은 밭 한가운데 서 있다. 건물의 겉모습은 단순한 노출 콘크리트로 마감하고 내부는 위로 올라갈수록 공간이 좁아지도록 112개의 통나무를 세워 틀을 만들었다. 일종의 거푸집으로 활용한 것인데 그로 인해 공간의 표면 역시 통나무의 표피처럼 거칠게 드러나게 된다. 그는 거푸집에 콘크리트를 타설한 후 통나무를 그냥 떼어 낸 것이 아니라 불태우는 방식으로 제거했다. 3주 동안 타고 사라진 통나무의 흔적은 공간에 그대로 남아 검은 그을음과 불에 탄 나무 향기를 남겼다. 다섯 평의 작은 예배당은 하늘의 구멍을 통해 빛과 비를 받아들였고, 벽 곳곳에 박힌 볼록 렌즈는 나무에 맺힌 송진처럼 반짝반짝 빛난다. 그곳에 작은 초를 놓고 앉아 있으면 마치 지하 동굴 가운데 들어선 듯한 착각마저 든다. 재료의 독창적인 활용과 본질적인 공간 구성이 세상 어디에도 없는 분위기를 만든 것이다.

몇 해 전, 나는 그 작은 건축을 보기 위해 드넓은 벌판을 걸었다. 예배당 입구에 이르기까지 꽤 오랜 시간이 필요했다. 지평선 너머 작은 점으로만 보이던 예배당이 점점 가까워졌다. 입구에 다다르자 나는 마치 오랜 시간에 걸쳐 그곳에 도착하기를 소망했던 순례자처럼 예배당 주변을 돌며 벽을 어루만졌다. 콘크리트의 거친 표면이 손끝에 전해졌고 사방으로 펼쳐진 너른 초원이 눈에 아른거렸다. 차분하게 정제된 전원의 풍경이었다. 다시 도착한 입구에는 육중한 삼각형 문이 버티고 있었고 문을 열자 겉과 속은 너무나 다른 분위기를 자아냈다. 알알이 빛나는 구슬을 품은 듯한 주름진 벽과 지붕에서부터 쏟아져 들어오는, 경계를 알 수 없는 빛은 오랜 비밀을 간직한 태곳적 동굴과도 같은 신성한 분위기를 자아냈다. 나도 압도당했다. 그리고 얼마 지나지 않아 깊은 침묵에 잠겨 내면을 성찰하고 있는 나를 발견할 수 있었다.

〈클라우스 형제 예배당Bruder Klaus Field Chapel, 페터 춤토르〉

내 방 여행하기

개인에게는 어떤 방이 필요할까?

내 방을 갖게 된 건 얼마 되지 않았다. 형과 누나가 있으니 나만의 방을 갖는 것은 불가능했다. 어린 시절에는 형과, 대학에서는 친구와 같은 방을 썼고, 군대나 유학을 가서도 나만의 방을 갖지 못했다. 넉넉하지 않은 살림 때문이기도 했지만 마음속 어딘가 홀로 살아내기를 두려워하는 마음이 있었던 게 아니었나 싶다. 누나의 결혼으로 방 하나가 빈 이후에야 나는 비로소 내 방을 갖게 되었다.

지금 내 방의 모든 것들은 나를 위해 존재한다. 형을 위한 물건은 이제 내 방에 없다. 오직 나의 취향에 따라 선택된 것들만 놓였다. 하지만 여전히 나의 노력으로는 도저히 거스를 수 없는 것들도 존재한다. 나와 나이가 같은, 그러니까 아주 오래된 역사를 자랑하는 수납장과 할머니가 돌아가시면서 남긴 시계가 그렇다. 이 두 물건은 나의 취향과는 무관하게 내 방에 놓여 있다.

수납장은 이사를 다닐 때마다 나무가 상하고 레일이 헐거워지고 비틀림이 생기기도 하지만, "옛날 가구는 나무가 좋다"라는 어머니의 말에 이끌려 방 한구석을 차지하고 있다. 어린 시절 형과 누나와 함께 수납장 위에 나란히 앉아 찍은 사진을 보면, 그 수납장이 정말 오래 잘 버텨 주었다는 생각이 든다. 가구는 나에게 말을 걸 수 없지만 항상 내 방, 내 곁에 존재했다. 나의 어린 시절을, 청소년기를, 집을 떠나 아주 가끔 들르는 지금의 나를 지켜봐 온 것이다. 할머니의 벽걸이 시계가 시간이 잘 맞는다며 아버지가 내게 건넨 이후로 내 방을 떠나지 않았다.

방이란 어쩌면 그곳을 점유한 사물과 내가 만들어 내는 관계의 실타래가 아닐까? 그 관계를 통해 내가 어떤 사람이었는지 드러난다. 그러므로 내가 살던 방을 이야기하는 것은 곧 나를 이야기하는 것이다. 내 방의 역사는 '나는 누구인가?'라는 질문에 대한 대답이 된다.

*

윌리엄 셰익스피어William Shakespeare의 희곡 《햄릿》에서 햄릿의 친구 로젠크란츠가 덴마크가 감옥 같지 않으냐고 묻자 햄릿은 이렇게 대답한다. "천만에. 나는 호두 껍데기 안에 웅크리고 들어가 있으면서도 나 자신을 무한하기 그지없는 어떤 공간의 '주인'으로 여길 수 있네." 이 이야기는 한 공간에서 규모보다 중요한 것은 바로 자기 자신이라는 이해를 바탕으로 한 것이다. 그렇다면 우리는 언제 공간의 주인이 되는가? 내 방의 주인이 된다는 것은 어떤 의미일까?

어지럽게 흐트러진 옷가지와 물건에서 내가 지난 며칠간 어떤 생활을 했는지 발견한다. 벽에 붙여 둔 문장들은 한 해가 시작하면서 새긴 나의 다짐을 말해 준다. 책장의 책과 음반은 그간 공들여 모은 나의 취향을 발견하게 한다. 가구와 침구류의 색과 재질은 나의 선호를 드러낸다. 때론 가족의 역사를 가늠케 하는 오랜 물건들도 보인다. 온갖 편지들로 가득한 상자는 나의 과거를 추억하게 만든다. 방의 주인이 된다는 것은 내가 방에 펼쳐 놓은 나를 바라보는 구조를 만드는 것이다. 즉 방은 나의 거울과 같다.

내 방을 거울처럼 사랑하다 보면 프랑스 작가 그자비에 드 메스트르Xavier de Maistre처럼 《내 방 여행하는 법》을 쓸 수도 있을 것이다. 메스트르는 1794년에 정치적인 이유로 42일간의 가택 연금을 선고받고 집에 갇힌 동안 이 책을 저술했다. 집에 있는 물건과 공간 요소에 얽힌 다양한 사람들의 이야기를 아주 세밀하고 유쾌하게 다룬다. 침대에 대해서, 의자에 대해서, 벽에 걸린 미술작품에 대해서, 서재에 대해서, 아버지의 흉상에 대해서, 편지에 대해서, 마른 장미에 대해서, 외투에 대해서, 애완견에 대해서, 사물과 사람에 관한 사유와 기발한 상상을 써 내려갔다. 유심히 관찰한 사람의 결과물이다.

햄릿의 주인 의식과 그자비에의 관찰은 자신의 공간을 자신만의 방식으로 이해하고 정의하는 데서 비롯된다. 끊임없이 자신의 관점을 말하고 그것이 어떻게 공간과 어울리는지 살펴보는 데서 방의 역사가 쓰이는 것이다.

*

내 방이라는 주제와 가장 부합할 만한 건축은 르 코르뷔지에 Le Corbusier가 말년을 보낸 4평짜리 오두막집에서 찾을 수 있다. 그는 그곳을 작은 궁전Cabanon de Le Corbusier이라고 불렀을 만큼 작지만 풍요로운 공간을 건축했다. 그는 한 사람의 삶에서 가장 적절한 공간 규모는 4평에 지나지 않는다고 말했다. 물론 집을 자세히 들여다보면 4평의 공간은 삶을 꾸리는 데 충분해 보이지 않는다. 부엌과 식당이 없는데, 문만 열면 식당과 연결되는 근접성을 가졌기 때문이었다. 그럼에도 불구하고 르 코르뷔지에의 담론은 여전히 유효하다. 그는 평생에 걸쳐 다양한 규모의 집을 설계한 경험이 있고 충분한 방과 넉넉한 크기의 거실이 있는 집에서 살았다. 그런 그가 인생의 마지막 지점에서 작은 방으로 돌아간 이유는 무엇일까.

작은 궁전에는 수십 년간 건축과 도시를 설계한 건축가의 생각이 밀도 높게 펼쳐져 있다. 지중해가 보이는 언덕의 작은 통나

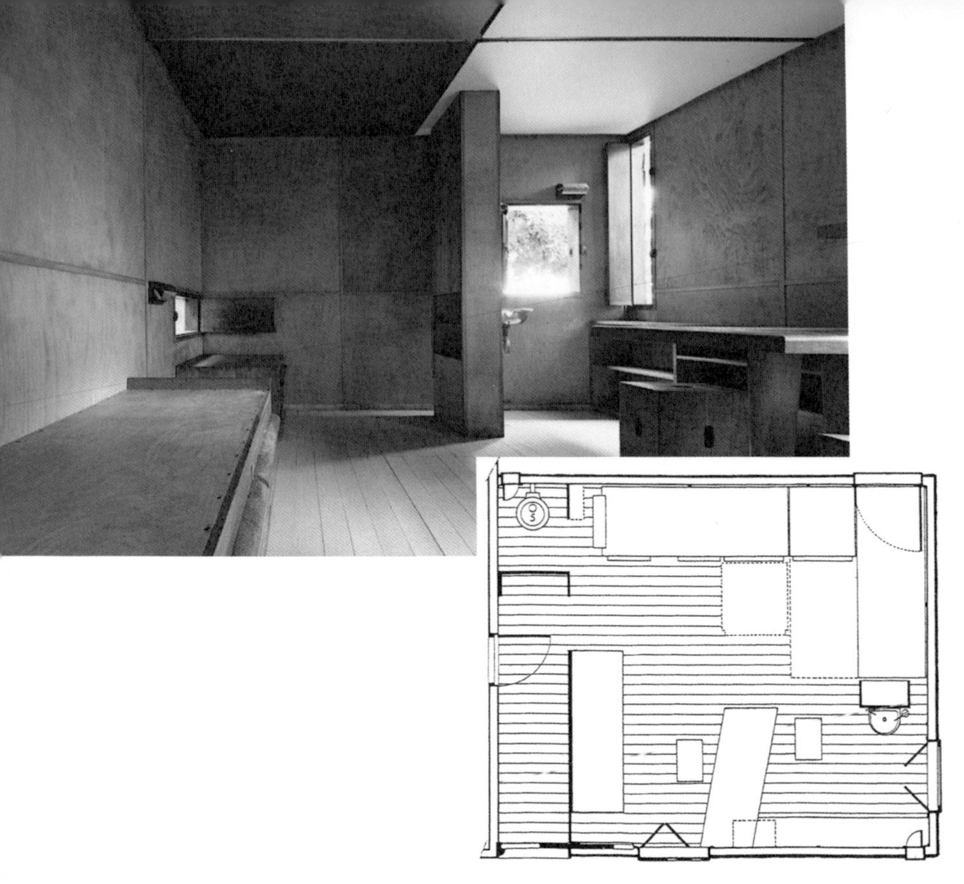

〈작은 궁전Cabanon de Le Corbusier, 르 코르뷔지에〉

무집에 들어서면 바로 보이는 정면에는 옷걸이가 설치되어 있다. 높이가 다양하게 배치되어 있어서 일종의 조형미마저 느껴지는 이 요소는 겉옷, 셔츠, 바지, 수건, 가방 등 다양한 물건을 걸어 둘 수 있다. 옷걸이는 공간에 진입한 사람의 행동을 자연스럽게 유도한다. '겉옷은 저곳에 걸어 두고 들어가면 되겠군' 하고 말이다. 복도의 왼편에는 벽화가 그려져 있다. 식당으로 통하는 문을 가리기 위한 단순한 기능뿐만 아니라 벽의 가능성을 이야기할 수 있다. 벽은 정의하기 모호한 요소다. 벽은 외부 환경으로부터 사람을 보호하는 수단부터 설계자의 의도를 담은 공간 구획의 요소까지 다양하게 활용된다. 르 코르뷔지에는 태피스트리로 벽의 모호성을 증폭했다.

이윽고 방에 들어서면 1인용 침대가 보이고 시선을 반대로 돌리면 공간을 가로지르는 평행사변형 책상이 놓여 있다. 한쪽 면을 벽체에 기댄 책상은 무게 중심을 고려해 나머지 하중을 버텨 줄, 두껍고 안전해 보이는 다리 하나를 가지고 있다. 다리를 최소화한 책상을 통해 좁은 공간을 조금 넓게 쓸 수 있고, 또 넓게 보일 수 있는 시각적 효과를 가져왔다. 모든 것이 직교인 공간에 책상을 사선으로 놓아 공간을 평범하게 구획하지 않겠다는 그의 의지가 반영되었다. 책상과 책장, 세면대로 둘러싸인 ㄷ자 형태의 작업 공간은 오직 건축가 자신만 사용할 수 있다. 때문에 공간으로 들어가는 통로는 사람이 지날 수 있는 최소 폭이면 충분하다. 평행사변형의 책상 구조로 입구는 좁지만 내부는 충분히 움직일 수 있는 공간이 되었다. 의자는 다양한 크기로 사용할 수 있는 박스형으로 디자인되었다. 쉽게 옮기고 수납할 수 있는 최소한의 의자다.

대부분의 문은 미닫이이며 화장실 문은 커튼을 활용함으로써 문을 여닫는 행위로 인한 공간의 손실을 최소화했다. 세면대는 책상 옆에 양손으로 다 가려질 만한 작은 크기가 놓였다. 또한 지붕에 경사를 두어 작은 공간에 층고의 변화를 주었는데, 그를 통해 일종의 개방감을 만들었다. 지중해가 보이는 정사각형의 창문과 세로로 긴 독특한 비례의 창 역시 공간을 사용하는 사람의 지루함을 없애는 요소가 되었다. 비례와 평면 구성을 넘어 가구의 만듦새와 손잡이, 옷걸이, 등받이, 문고리, 커튼 등 공간을 채우는 요소 하나하나에 그의 이야기가 담겨 있는 셈이다.

4평에 담긴 촘촘한 이야기는 르 코르뷔지에의 원대한 계획이다. '최소한의 집'이라는 건축적 화두를 이야기하기 위한 실험으로 말이다. 역사적·정치적 맥락을 소거하고 봤을 때 그의 담론은 성공했다. 수십 년이 지난 지금도 여전히 그의 이야기를 꺼내 방과 집의 조건을 상기하기 때문이다.

내 방에는 지금 무엇이 어떻게 놓여 있는가? 당신의 취향과 선호가 어떻게 당신의 방에 펼쳐져 있는가? 어느 가구점의 쇼룸을 그대로 옮겨다 놓았는가? 시간이 쌓이듯 방 곳곳에 당신의 모습이 보이는가? 혹은 어떤 모습도 담겨 있지 않는가? 고된 하루를 보낸 당신에게 방은 어떤 의미냐고 묻는다면, 방은 나를 온전히 나로서 지켜 주는 마지막 위안이라고 말하고 싶다.

시골 마을의 화장실

당신의 내밀한 공간은 어디인가?

유난히 더웠던 어느 여름날, 나는 안동 하회마을에서 하룻밤을 보낼 계획이었다. 10여 년 전만 해도 마을에 사는 분들이 자기 집의 일부를 민박집으로 운영했는데, 손님을 유치하기 위해 많은 할머니 할아버지가 거리에서 여행객에게 숙소를 권했다. 나는 손님을 기다리는 한 할머니의 눈길을 무시하지 못하고 작은 초가집에서 하룻밤을 보내게 되었다. 소박한 집이었다. 할머니 혼자 사시는 그곳에 손님은 나 혼자였다. 규모가 크지 않아서 한두 사람만 머물 수 있었다. 여름이었지만 시골의 공기는 무덥지 않았다. 문을 앞뒤로 열어 바람을 통하게 만들고 모기장을 치니 옛 시골 정취가 물씬 풍겼다. 할머니가 무심한 듯 모기장 안으로 옥수수와 고구마를 넣어 주셨다. 모기장 안에서 옥수수를 입에 물고

물에서 유영하듯 방바닥을 뒹굴며 책을 읽다가 잠에 들었다.

숙면의 밤을 보내는 동안 새벽의 차가운 공기가 지나고 이내 해가 머리에 닿았고 잠을 깨우는 미세한 자극이 일어났다. 아침이 되자 나의 온 신경은 복부에 가 있었다. 일종의 신호가 온 것인데 나는 본능적으로 마당을 건너 별채에 있는 뒷간으로 향했다. 그곳은 신기하리만치 냄새가 나지 않았고, 오히려 빛나는 느낌마저 들었다. 황토벽의 따뜻함이 몸과 마음에 닿았다. 잠이 덜 깨서 그랬던 것일까. 몽환적인 느낌마저 들었다. 화장실에 온 목적이 있으니 자세를 잡고 앉았는데 절묘한 위치에 창이 나 있었고, 창 너머 하회마을을 휘감는 산자락이 펼쳐졌다. 그리고 또 하나의 창은 마을 거리를 절묘하게 비추고 있었다. 작은 초가 화장실에서 '차경'을 발견한 순간이었다. 차경이란 전통 건축에서 경관을 활용하는 가장 대표적이고 적극적인 방법으로, 외부의 풍경을 집 안으로 끌어들이는 것을 말한다. 우리가 한 공간 안에 앉아 있을 때, 서 있을 때, 누워 있을 때, 눈앞에 펼쳐진 창 너머의 풍경을 무엇으로 설정할지 오랜 시간 탐구해 왔던 것이다. 내가 화장실에서 발견한 두 개의 창은 적절한 위치를 찾기 위해 여러 번의 시행착오를 겪었을 것이다. 밖에서는 내부가 보이지 않아야 하고, 안에서도 거리를 다니는 사람의 시선을 피할 수 있는 곳에 창을 내야 했기 때문이다.

낮게 뚫린 창에는 길 주변으로 피어난 들꽃이 줄지어 서 있었다. 정작 밖을 돌아다닐 때는 알아보지 못하던 것을, 엄청난 집중

〈안동 하회마을〉

력이 온 우주를 감싸고 있는 이 공간에서 바라보게 된 것이다. 두 개의 창은 가까운 경치와 먼 경치를 보여 주는 일종의 액자처럼 그 공간을 특별하게 만들었다. 복부의 일은 어느새 마무리됐지만 나는 여전히 그곳에 앉아 담담한 분위기와 풍경을 감상했다.

영국 작가 버지니아 울프Virginia Woolf는 작가가 되려면 500파운드의 고정 수입과 자기만의 방이 필요하다고 말했다. 비록 '여성 작가가 되기 위해서'라는 전제가 붙긴 했지만 생활을 유지할 돈과 작품을 구상할 공간은 모든 사람에게 해당되는 이야기일 것이다. 여기서 방은 작가의 작품 세계를 구상하는 지극히 내밀한 공간이 된다.

당신에게 가장 내밀하고 개인적인 공간이 어딘지 묻는다면 각자 떠오르는 장소가 있을 것이다. 버지니아 울프처럼 자기만의 방이라고 말하는 사람도 있을 테고, 소박한 정원이나 텃밭을 이야기하는 사람도 있을 것이다. 요리를 좋아하는 사람에겐 자신의 손때가 묻은 부엌이 그런 공간일 수도 있다. 어린아이에겐 장롱

속이나 다락방도 아늑한 공간이 된다. 요즘 같은 시대에는 노트북이나 스마트폰을 쥐고 볼 수 있는 모든 공간이 내밀한 공간일 수도 있겠다.

나에게 가장 내밀한 공간은 화장실이다. 다분히 본능적이고 욕구를 배설하는 공간이라는 이미지 때문에 화장실은 불쾌하고 부정적인 공간으로 인식된다. 하지만 돌이켜 생각해 보면 화장실은 언제나 문제가 해결되는 장소였다. 복통을 벗어나는 공간이기도 하고 장을 깔끔하게 비우는 비움의 공간이기도 했다. 때론 긴장을 풀어내는 공간이 되기도 해서 누구나 한 번쯤은 화장실 칸막이 안에서 심호흡을 하거나 떨리는 가슴을 쓸어내리기도 했을 것이다. 시험과 면접을 앞두고 우리는 어디로 향했는가. 배설을 위한 집중이 때론 다른 차원의 집중력을 향상시키기도 해서 책을 읽거나 문제를 풀기에 적합한 공간이 되기도 한다. 나는 고도의 집중력이 발휘되는 공간이라는 점을 이용해 고민할 문제가 있으면 화장실에 앉아 생각하는 경우가 종종 있었다. 직장인에게는 담배를 피우거나 커피를 마시는 것만큼이나 화장실 가는 일이 일종의 환기 효과를 가져온다.

*

화장실의 또 다른 면모, 다시 말해 화장실의 미학적 완결성을 알게 된 이후로 나는 더욱 화장실에 집착하게 되었다. 대학 시절

선배가 추천해 준 다니자키 준이치로谷崎潤一郎의 《그늘에 대하여陰陰禮讚》를 통해서였다. '일본적인 것'에 대한 작가의 생각을 다룬 에세이로, '그늘'로 그것을 표현했다. 사실 이런 표현은 우리의 전통문화에서도 발견되는 범 동양 문화, 특히 동북아시아의 공통적인 특질처럼 보인다. 서구의 이분법적 세계관이 아닌 동양의 다층적 세계관을 함의하고 있기 때문이다. 수묵담채화와 사군자에서 먹의 농담을 어떻게 표현하는지 연상하면 이해가 쉽다. 우리는 검정의 농도와 느낌에 따라 다양한 형용 표현을 사용한다. '가무스름하다, 거무죽죽하다, 거무스름하다, 가마노르께하다, 감파랗다, 거무레하다, 꺼뭇하다, 시커멓다'와 같이 수많은 검정으로 포괄할 수 있는 상태를 표현한다. 그늘이 주는 어둠과 밝음을 미묘하게 줄타기하는 예민한 감각. 그것이 이 책의 주된 감상이다.

책에는 일본의 화장실과 관련한 짧은 이야기를 묶은 '뒷간'이라는 파트가 있다. 나름의 정취가 있고 담담한 향취를 내는 전통적인 화장실 경험담인데, 예를 들면 이런 것이다. 어느 날 우동가게에 갔는데 그곳의 화장실은 2층에서 일을 보면 구멍을 통해 1층 모래밭으로 떨어지는 구조였다. 그는 배설물이 허공을 배회하는 나비를 지나 분뇨통으로 떨어지는 경험이 기묘했다고 말한다. 오래된 화장실이지만 어떤 악취도, 소리도 없고 몸속에 있던 오물은 가속도가 더해져 금세 몸과 분리되는 것이다. 화장실을 이용하는 사람에게는 너무나 좋지만 그 아래에 있는 사람과 미물에겐 크나큰 재앙이었을 거라는 결론으로 이어진다.

또 다른 경험담에서는 아무리 청결한 화장실이라도 집마다 미묘한 냄새가 나기 마련이어서 그 냄새로 거주하는 사람의 생활 양식과 수준을 알 수 있다고 이야기한다. 똥오줌 냄새와 정원의 흙냄새, 이끼 냄새, 약 냄새가 섞여 미묘한 향취가 만들어지기 때문이다. 그는 고향집 화장실이나 자주 가는 식당의 향기에서 안정감을 얻는 것도 비슷한 경우라고 말한다. 청결함만을 추구하는 수세식 화장실에서는 그 공간이 풍겨 내는 고유의 향기가 사라져 그다지 정취가 남아 있지 않다는 푸념도 곁들인다.

"내가 갔던 때는 여름이었는데, 뜰로 이어지는 복도가 길게 뻗어 있고, 그 끝의 뒷간은 빽빽하게 푸른 잎의 그늘로 싸여 있었다. 이게 뭐야 싶은 냄새 따위는 곧 사방의 시원한 공기 속으로 발산시켜 버리기 때문에, 마치 정자에서 쉬고 있는 듯한 마음이 들어, 불결한 느낌이 들지 않는 것이다. 요컨대 뒷간은 될 수 있는 대로 땅에 가깝고 자연과 친근함이 깊은 장소에 두는 것이 좋을 것 같다. 숲속에, 푸른 하늘을 우러러보며 야분을 누는 것과 거의 다르지 않을 정도의, 조박한, 원시적인 것일수록 기분 좋은 곳이 된다."

- 다니자키 준이치로, 《그늘에 대하여》 중

다니자키의 뒷간 이야기는 범상치 않은 화장실 경험담을 넘어 그곳에 숨겨진 독특한 공간적 특징과 삶의 모습을 그려 낸 이야기로 읽을 수 있다. 그의 뒷간 담론과 내 하회마을에서의 경험이

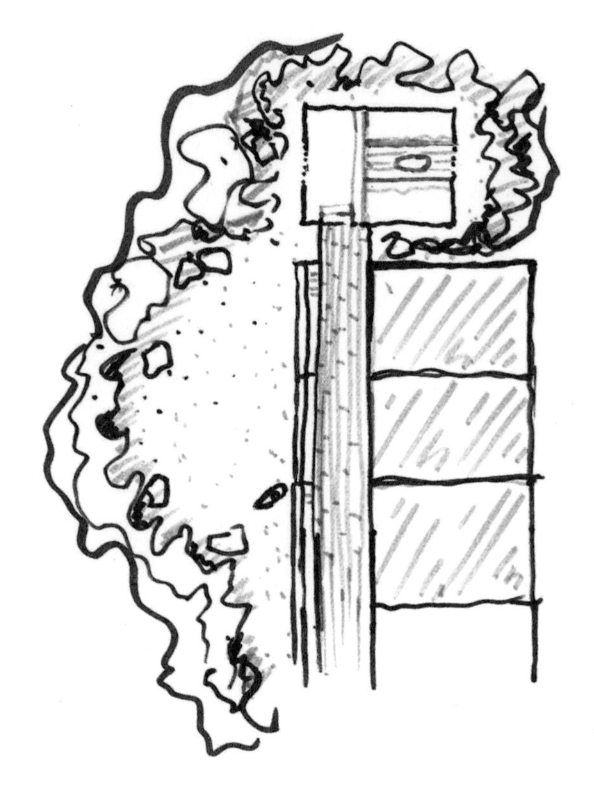

〈다니자키 준이치로의 화장실 스케치〉

화학적 결합을 한 이후 나는 화장실에 더욱 애착을 갖게 되었다.

그리하여 나에게 화장실은 어느 공간보다 담담하고 차분하며 평온한 장소가 되었다. 다니자키의 뒷간의 실물을 직접 볼 수는 없지만, 그렇다고 해서 이해와 공감이 사라지는 일은 없다. 각자의 내밀한 공간을 어떻게 말하는지 이해하면 될 일이다.

하회마을의 기억을 떠올리며 글을 쓰니 어딘가 애석한 마음이 떠오른다. 그 화장실에 난 작은 창의 경관을 보기 위해서는 반드시 그 자리에 앉아야만 하는데 그 민박집은 이제 없어졌을 테고 그래서 다시는 그 창 너머 풍경을 보지 못할 것이다. 그곳의 할머니는 아직 그대로이실까 문득 그리워진다.

고양이와 건축가의 거리

공간의 깊이는 어떻게 구현할까?

우리는 살면서 각자의 의도와 상관없이 다양한 사무 공간을 경험한다. 입사를 하고 나서야 자신이 일하게 될 공간의 실체를 알 수 있는 것처럼 우리에게 사무 공간은 우연의 산물이나 다름없다. 내가 경험한 세 번째 사무실 역시 우연에서 시작됐다. 당시 나는 유학을 마치고 돌아와 구체적으로 어떤 일을 할지 고민하고 있었다. 어떤 일에 마침표를 찍고 갑자기 세상을 관조하는 사람이 될 것 같은 나날을 보내던 시기였다.

미래를 철저하게 대비하고 자리를 만들어 두고 일을 도모하는 성격이 아니라 그랬는지, 아니면 긴 여행을 마치고 집에 돌아온 뒤여서 그랬는지 몰라도 약간 무기력해진 상태였다. 그때 나는 책 집필을 위해 사무실을 구하던 참이었고, 학교 후배 A와 G가운영하는 회사에 여유 공간이 있다며 사용을 허락해 주었다. 후배이긴 했지만 나이는 나보다 많은 형과 동갑 친구여서 마음이 편했다. 지금 생각하면 대책 없어 보이지만 어쨌든 경제 활동을 하지 않는 상황이었고 여유도 없어서 사무실을 무상으로 임차한 것이다. 임차라는 단어보다 일종의 무전취식이랄까? 여하튼 그렇게 세 번째 사무실 생활은 시작됐다.

사무실은 서울타워 밑 해방촌이었다. 흥미로운 공간이었다. 이곳은 공간적으로 미군 부대와 분리해서 생각할 수 없고, 외국과 한국의 문화가 섞인 이태원의 문화를 공유했다. 해방촌의 역사는 광복 이후 피난민과 해외에서 돌아온 사람들이 모여서 산 정착촌에서 출발한다. 미군 부대 주둔 이후로는 부대를 보조하기 위한 시설과 그 시설을 이용하기 위한 다른 외국인들도 모여들면서 이색적인 문화를 형성하게 된다. 이태원에서 시작된 문화의 불길이 경리단과 한남동으로 번져 나가고 길 건너 해방촌까지 건너왔다. 골목 사이사이 예술가들이 모여들고 개성이 물씬 풍기는 독특한 가게들이 생기기 시작했다.

나는 이곳에 머문 2년여 동안 많은 변화를 체감했다. 이색적인 도시 문화는 사람들을 끌어 모았다. 한남동, 성수동, 익선동, 망원동, 창신동, 해방촌. 사람들은 시간의 흔적이 오래 남아 있는 거리로 모여들었다. 잠은 아파트에서 자더라도 노는 것은 특색 있게 개발된 곳에서 하는 것이다. 거의 2년 주기로 특색 있는 도시 공간을 문화와 예술을 앞세워 개발하는 패턴이 반복된다. 젠트리피

케이션Gentrification 문제는 끝까지 읽지 않아도 결말을 알 수 있는 뻔한 소설처럼 자연스레 등장한다. 임차인들은 감당할 수 없는 임차료를 피해 도시 어딘가로 떠날 것이다.

사무실은 도로에 면한 주택을 개조해 활용하고 있었다. 지하와 1층은 음식점이었고 2층이 사무실이었다. 건물 오른쪽으로 난 계단을 오르면 작은 뒷마당과 현관이 있었고 마당을 둘러싼 높은 담벼락 너머로 미군 부대가 보였다. 그 나름의 독립적 공간이었다. 사무실의 전면 창에서는 해방촌의 메인 도로가 보였고 측면 창으로는 서울타워가 보였다. 공간은 단순했다. 두 개의 방과 부엌 겸 거실, 화장실로 이뤄진 집이었다. 독특한 점이 있다면 사무 공간으로 활용도를 높이기 위해 방문을 뜯어 내 최대한 개방감을 확보한 것이었다. 그리고 몰딩과 걸레받이 등의 장식적 요소들을 분리해서 기존 가정집의 모습을 지웠다. 전체적으로 마감처리를 하지 않은 집처럼 러프한 공간이었다. 여기에 A와 G는 그들의 색깔을 낼 수 있는 효과적인 인테리어를 가미했다. 모든 벽과 바닥을 흰색으로 칠한 뒤 잭슨 폴록Jackson Pollock의 액션 페인팅을 오마주하듯 불규칙한 형형색색 물감을 흩뿌린 것이다. 모든 벽이 하나의 캔버스가 된 것인데 일종의 3차원 액션 페인팅이었다. 나는 이 사무실에 처음 들어서자마자 원고가 잘 써질 것만 같은 느낌에 휩싸였다.

물론 모든 사람이 이 공간을 좋아하는 것은 아니었다. 누군가는 정신없고 복잡하다며 눈살을 찌푸리기도 했지만 나는 흰 방에 펼쳐진 무질서한 물감의 흔적들이 그렇게 좋을 수가 없었다. 독특한 분위기를 풍기는 공간에서 원고 작업은 재밌고 순조로웠다. 동시에 사람들에게 새롭게 각광받고 있는 해방촌이라는 도시 공간의 활기도 좋은 에너지가 되었다.

*

그러던 어느 날 나는 그들을 만났다. 고양이였다. 오랜 도시의 유산인 좁은 골목과 건물 사이로 유독 고양이가 많았는데, 언제부턴가 고양이들이 사무실 마당에 어른거렸다. 그동안 신경 쓰지 않고 있었는데 같은 공간에서 일하는 동료가 사료를 사서 밥그릇을 내어 준 이후로 우리는 소위 '길냥이'에게 밥을 주는 집사가 되었다. 밥을 주는 존재가 되니 그들이 내 눈에 들어왔다. 사무실의 일상에 고양이가 들어온 것이다.

처음엔 반려동물을 키워 본 경험이 없어서인지 그들의 행동과 생리를 잘 이해하지 못했다. 날마다 밥과 물을 받으면서도 가까워졌다 싶으면 멀어지고 멀어졌다 싶으면 어느새 곁에 다가오는 특이한 생명체였다. 나와 고양이는 적정한 거리를 유지하며 공존했다. 내 시선이 닿는 곳에 세상 편하게 누워 있거나 문 앞에 앉아 울고 있으면 밥그릇에 사료를 잔뜩 부어 주는데, 그들은 눈에 다 보이는 곳에 자신의 몸을 숨기고는 나를 쳐다본다. 내가 쳐다보면 절대 밥을 먹지 않고, 사무실로 들어가는 내 뒷모습을 보고 나서야 먹기 시작한다. 심지어 금방이라도 담벼락에 뛰어오를 수 있도록 뒷다리에 힘을 꽉 쥔 채로 빠르게 먹는다. 그들의 눈은 문에 고정되어 있고, 나는 문 뒤에 조심히 서서 밥 먹는 그들의 모습을 지켜본다.

간격을 유지하는 나와 고양이 사이의 게임은 내가 어떻게 마음먹느냐에 따라 양상이 달라졌다. 추위가 다가올 때나 출산할 장소를 찾는 고양이가 있으면 창고 문을 열고 박스와 헌 옷으로 머물 공간을 만들어 주었지만 우리 사이는 좀처럼 가까워질 기미가 보이지 않았다. 애초에 이들의 생리를 잘 이해하지 못한 내가 잘못이었지만 관계를 만들려고 했던 나는 아쉬운 마음이 들었다. 동물과 사람 사이, 고양이와 나 사이라는 종의 차이에서 오는 특수성을 배제하더라도 내가 가까이 다가가려고 하는 대상이 나를 원치 않는다는 생각. 그것이 고양이와 나의 관계였다. 물론 고양이의 특성을 잘 아는 사람들은 헛웃음을 치겠지만 나로서는 조바심이 날 수밖에 없었다.

고양이에 대한 얄미운 마음이 한껏 고조되던 어느 날, 약간의 심술을 보태 사무실 현관문을 열고 거실 안쪽에 고양이 밥그릇을 두었다. 사무실에 와서 밥을 먹는 여러 고양이 중 특히 나의 마음을 사로잡은 고양이는 온몸이 검은 털로 뒤덮인 새끼 고양이였다. 가족이 없는 듯 혼자 다니는 이 고양이를 사무실에서 키워 보면 어떨까 생각했다. 고양이가 거실 깊숙이 들어와 밥을 먹을 때 다가가 손을 내밀려는 계획이었다. 재빨리 현관을 닫으면 어떻게든 밀폐된 공간에서 고양이와 관계 개선을 할 수 있지 않을까 하고 말이다.

고양이는 의심 가득한 표정으로 사무실에 발을 들였다. 나는 일단 고양이의 시선에 닿지 않는 곳에 몸을 숨겨 그의 의심을 내려놓았다. 그러나 내가 서둘러 현관에 다가가는 순간 고양이는 이미 문을 향해 뛰어오고 있었다. 내 손이 현관 손잡이에 닿았을 때, 고양이는 문지방 위에 있었다. 한 번의 실패는 영원한 실패를 의미했다. 그 후로는 어떤 유인책을 사용해도 사무실에 들어오지 않았다. 여지가 없었다. 마당에서 밥을 주거나 우연히 마주칠 때도 경계심이 이전보다 훨씬 심해졌다. 고양이는 그의 삶을, 나는 나의 삶을 살밖에 도리가 없었다.

이 경험이 나에게 주는 나름의 결론 첫 번째는 상대가 원치 않는 일을 강요하면 안 된다는 사실. 두 번째는 공간의 깊이에 대한 생각이었다. '공간이 깊다'는 표현은 사실 상당히 모호하다. 일반적으로 사용하는 단어도 아닐뿐더러 얕고 깊음의 기준이 수치로 정해진 것도 아니기 때문이다. 보통 공간이 깊다는 말은 공간의 높이에 비해 면적이 넓을 때, 긴 통로가 계속 이어질 때, 입구에서부터 생각보다 많이 걸어야 할 때, 창을 통해 들어온 햇빛이 닿지 않는 어두운 공간이 있을 때 사용한다. 하지만 물리적 조건과 더불어 공간이 깊다는 말에는 공간에 대한 건축가의 의도가 담겨 있는 경우도 있다. 공간의 깊이를 나의 경우에 빗대어 생각하자면, 결과적으로 고양이가 나보다 빨랐다는 것은 고양이가 나의 공간에 깊이 들어와 있지 않았다는 방증이다. 그건 단순히 물리적인 거리뿐 아니라 마음의 거리를 포함한다.

*

공간의 깊이에 대해 이야기하려면 건축가 김수근의 공간사옥만 한 장소가 없을 것이다. 그곳은 원래 설계 사무실로 사용되지만 지금은 미술관이 된, 질곡의 역사가 깃들어 있다. 증·개축을 통해 현재의 모습에 이르렀는데, 모두 세 개의 건물로 나눠서 생각해 볼 수 있다. 첫 번째는 김수근이 설계한 검정 벽돌 건물이고 두 번째는 장세양의 유리 건물 그리고 세 번째는 이상림의 한옥 건물이다. 한국 건축의 역사를 한눈에 볼 수 있는 독특한 장소다. 한옥의 전통 건축, 벽돌로 지어진 근대 건축, 하이테크의 커튼월 건축이 모여 있는 곳으로 건축 방식과 재료에서 서로 다른 질감이 다채롭게 펼쳐져 있다.

특히 구관으로 불리는 검정 벽돌 건물에서는 공간의 다양한 감각을 느낄 수 있다. 김수근은 한정된 대지에 건축 설계 사무소의 기능과 그의 건축 세계를 건물로 실현하기 위해 다양한 건축 요소를 담아냈다. 건물 높이가 제한된 상황에서 플로어를 최대한 늘리기 위해 휴먼 스케일에 맞춰 층고를 낮게 조절하고, 반 층씩 엇갈려 배치된 스킵 플로어를 사용함으로써 공간의 다양성을 가져왔다. 수직 동선인 계단도 공간을 최대한 효율적으로 사용하기 위해 삼각형이나 원형 계단을 계획해 사용자에게 좁지만 재미있는, 불편하지만 풍부한 느낌을 경험할 수 있도록 했다.

건물 입구로 들어가면 중정이 보이고 몇 계단을 올라 로비를 지나쳐 다시 계단을 오르면 사무실에 도착한다. 계단 너머 반 층 위에는 동료가 사용하는 공간이 보이고 몇 계단을 올라가면 회의실이 있고 내려가면 휴게 공간이 나온다. 반대편에 있는 삼각형 계단을 돌아 올라가면 또 다른 사무실이 나오고 낮은 층고로 인해 답답함이 느껴지다가도 두 개 층이 뚫린 넓고 높은 공간이 펼쳐지기도 한다. 좁은 원형 계단을 통해 올라가면 또 다른 공간이 나타나는 신기한 구조가 연속된다. 만약 이곳에 해방촌의 그 고양이가 들어왔다면 고양이와 나는 이 신묘한 공간에서 함께 잘 지냈을지도 모른다는 상상을 해 본다.

김수근은 공간사옥을 통해 '궁극 공간Ultimate Space'의 개념을 이야기했다. 궁극 공간이란 단순한 생존과 경제 활동을 위한 공간이 아니라 인간다움을 실현할 수 있는 제3의 대안 공간을 뜻한다. 그 공간에서 인간은 창작을 하거나 명상을 하거나 사색을 한다. 김수근은 휴먼 스케일에 맞춰 천장을 낮추고 공간을 작은 단위로 분할해 좁아 보이지만 부족하지 않게, 검소해 보이지만 누추하지 않게, 복잡해 보이지만 풍성하고 다양한 공간을 조직함으로써 그의 궁극 공간을 실현했다.

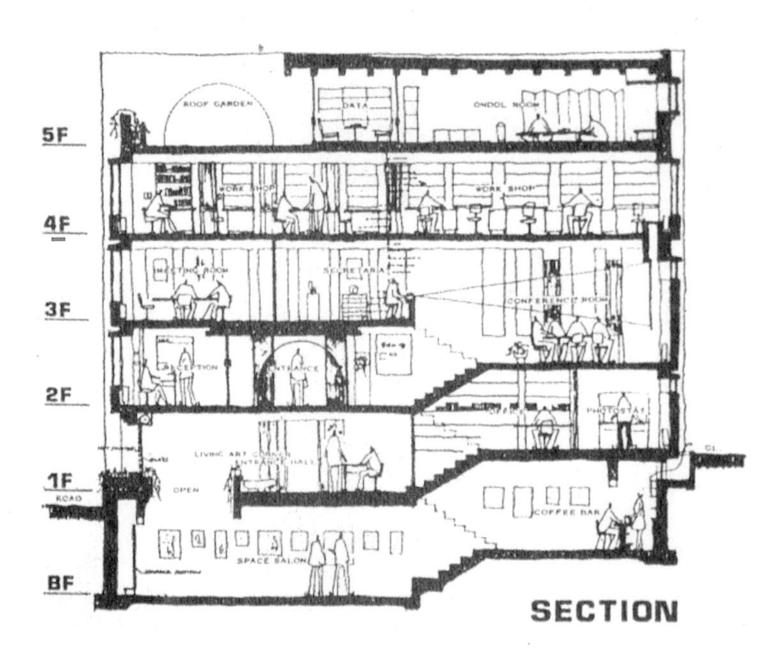
ROOF GARDEN
DATA
ONDOL ROOM
5F
WORK SHOP
WORK SHOP
4F
3F
CONFERENCE ROOM
ENTRANCE
2F
LIVING ART CORNER
ENTRANCE HALL
OPEN
1F
ROAD
COFFEE BAR
SPACE SALON
BF
SECTION

〈공간 사옥, 김수근〉

지난여름 2년 6개월여의 해방촌 생활을 마무리하고 연희동으로 사무실을 옮겼다. 해방촌의 그곳은 이제는 사무실이 아니라 나에게 책상을 내줬던 A의 신혼집이 되었다. 다시 문을 달고 벽지를 붙이고 몰딩이 있는 평범한 가정집으로 돌아갔다. 얼마 전가 본 그곳 마당에는 어미 고양이와 새끼 고양이 5마리가 누워 있었다. 사무실의 흔적이라고는 고양이가 아직 마당에 있다는 것과 흰 벽지 너머로 희미하게 보이는 잭슨 폴록의 페인트 자국뿐이었다.

〈고양이와의 깊이를 좁히지 못했던 사무실의 흔적〉

백자 하나 두심이

완벽한 공간은 존재할까?

인테리어를 진행했던 명상 센터 사장님 K에게서 오랜만에 연락이 왔다. K에게 연락이 올 때마다 문제가 생긴 건 아닌지 조바심과 걱정이 생긴다. 보통 인테리어나 건축 설계를 하면 클라이언트에게서 잘 쓰고 있다는 연락은 잘 오지 않기 때문이다. 내가 진행한 명상 센터는 나에겐 큰 의미가 있다. 건축 사무소를 개업하고 첫 번째로 진행한 프로젝트였고, 그 일을 통해 많은 것을 배웠기 때문이다. 사실 건축 도면을 그리고 디자인하지만 시공 과정까지 도맡아 해 본 경험은 없었기에 클라이언트에게는 미안한 마음이 있었다. 하지만 부족한 부분을 채워 줄 사람들이 주변에 있어서 큰 문제는 되지 않았다. 내 조력자는 C와 W였다. 학교 후배인 그들은 독립해서 인테리어 회사를 운영하는 베테랑이었다. 그들과 함께 목공, 전기, 도장, 설비 등 공정이 일사불란하게 흘러

가도록 관리하는 게 나의 일이었다.

작은 인테리어 현장이라도 가장 중요한 것은 디테일이다. 디테일이란 재료와 재료가 어떻게 만나는지에 관한 고민이기도 하다. 사각형 프레임 하나를 만드는 데도 다양한 방법이 있으며, 용도와 예산, 건축가와 목수의 실력에 따라 그 모양이 달라진다. 간단하게 못이나 타카를 이용할 수도 있고 끼워 맞추는 방식으로 조립할 수도 있다. 나무가 아니라 철재로 용접해서 만드는 방법도 있다. 부재를 사각형 그대로 사용할 수도 있고 45도로 잘라 내어 투박함을 없앨 수도 있다. 재료와 재료를 실리콘이나 본드로 접합하는 화학적 결합을 할 수도 있고 몇 가지 연결 부재를 활용해 기계적 결합을 할 수도 있다. 모든 디테일의 가능성은 열려 있고 매 순간 선택의 연속이다.

그러나 나는 내가 경험하지 못하거나 알지 못하는 경계 너머의 영역에 대해서 확신을 갖지 못한다. 어쩌면 나에게 확신이란 단어는 영원히 닿을 수 없는 영역인 것이다. 그래서 자기 확신에 가득 차 여유 넘치게 작업하는 친구들이 신기하다. "이건 정말 아름답다"라거나 "이게 최고야"라는 말이 쉽게 나오지 않는다. 대신 "적절해 보인다"라거나 "어울린다"와 같은 가치 판단이 상대적인 언어를 사용한다. 나는 차곡차곡 경험을 쌓아 통찰하는 사람이다. 그런 나에게 무수히 많은 선택지가 주어진 첫 번째 인테리어 작업이 바로 명상 센터였다. 하루에도 수십 번씩 C와 W에게 전화를 했다. 내가 갖고 있지 못한 경험에 조언을 구해야 했기에 매 순간 확인의 연속이었다. 그렇게 돌다리를 두드리는 심정으로 한 달여의 작업 끝에 완공했다.

그런 이유로 K의 전화는 내가 미처 확인하지 못했던 미비함이 드러났을 것 같은 두려움으로 다가왔다. 역시나 문제가 있었다. 명상 공간의 방음 문제였다. 문을 여닫는 소리뿐만 아니라 로비 데스크의 전화 소리까지 유입된다는 것이었다. 바닥이 살짝 기울어 있어 문턱 없이 문을 달았는데 문과 바닥 사이로 손이 들어갈 정도로 벌어져 있었다. 명상에 방해가 될까 잠금장치를 없애고 대신 달아 둔 유압 장치는 제대로 기능을 발휘하지 못했다. "문만 잘 닫히게 해 주세요." K의 말에 나는 이렇게 말할 수밖에 없었다. "네, 알겠습니다. 죄송해요." 오랜 마음고생으로 스트레스에 시달리던 K에게 나는 방음벽 업체 리스트를 보냈다. 그렇게 문 하나가 제대로 닫히지 않아 발생한 문제는 해결됐다.

그런데 몇 달 후 다시 K에게서 전화가 왔다. 내 두 눈이 떨렸다. 간신히 전화를 받았다. 다행히 스트레스에 시달린 목소리는 아니었다. K는 명상을 위한 기존 공간에 상품 판매를 위한 공간을 새롭게 만들고 싶다고 했다. 누구나 진열대를 보면 즉각적으로 물건을 사고 싶은 충동을 느낄 만큼 매력적인 공간이 필요하다고 했다. K는 인스타그램에서 캡처한 멋진 인테리어 이미지들을 모아 보냈고 나는 내가 할 수 있는 선에서의 컨설팅을 해 주었다. 이미 일정한 설계 의도를 통해 공간을 계획하고 재료와 색상을 결정해 공간을 만들었는데 새로운 목적을 위한 공간을 만들어야 하는 상황이었다. 이런 경우 공사보다 스타일링을 통해 분위기를 만들어 내야 하는데, 일정도 그렇거니와 스타일링 경험이 많지 않은 관계로 적합한 사람을 소개해 주기로 약속하고 전화를 끊었다.

이어진 문자에는 이런 내용이 담겨 있었다. "소장님, 제 스타일 아시잖아요. 심플하고 여백이 있으면서 소재의 물성을 살리고, 보자마자 매료되고, 고급스럽지만 힘주지 않은 스타일이요." K의 말은 분명 어딘가에 존재할 것만 같은, 형이상학적이면서도 형이하학적인 면이 있었다. 어떤 말인가 하면 좋아 보이는 것은 다 있다는 말이다. 공간 스타일링 하는 친구를 소개해 주기로 한 후배에게 클라이언트의 요구가 정리된 문자를 첨부해 보내 주었다. 그러자 후배는 얼마간의 침묵 뒤에 이렇게 보내왔다. "백자 하나 두심이."

물론 K가 생각하는 이상적인 공간과 분위기는 어딘가 분명 존재할 것이다. 하지만 K가 생각하는 공간을 구현할 디자이너는 K의 말과 보내 준 이미지들 사이의 어느 지점에서 공간 디자인의 방향을 조율하고 자신의 생각 또한 녹여내야 할 것이다. 이와 같은 과정은 플라톤Plato의 '이데아Idea'를 상기시킨다. 이데아란 객관적 본질을 뜻하는 개념으로, 이데아에서 말하는 실재는 영원불변한 보편적 개념을 뜻한다. 우리가 살아가는 시공간에서의 감각은 본질적 개념인 이데아의 그림자인 것이다. 예를 들어 변의 길이와 내각의 크기가 완벽하게 같은 정삼각형을 구상하지만 실제로는 완벽한 삼각형을 구현할 수 없고, 단지 본질적으로 완벽한 삼각형을 모사하는 것에 지나지 않는다는 것이다. 이는 우리에게 이상과 현실의 어긋남은 필연적일 뿐만 아니라 그 간극을 좁히는 일이 쉽지 않다는 것을 깨닫게 한다. 하나의 공간은 어느 누구의 절대적인 생각대로 구현되지 않는다. 클라이언트의 이데아와 디자이너의 이데아가 충돌하며 상호작용할 뿐이다. 그렇다면 이렇게 이야기할 수 있지 않을까? K가 이야기한 완전무결하고 이상적인 공간 이미지를 본질적 이데아 A라고 한다면 결국 누군가에 의해 그려진 다른 이데아 B가 만나 융합과 변주의 과정을 거쳐 새로운 C가 탄생하는 과정. 그것이 공간 디자인이 아닐까 하고 말이다.

K가 바란 완전무결한 공간의 실체는 로마의 만신전인 판테온Pantheon에서 확인할 수 있을지도 모른다. 거대한 원형 돔인 판테온은 공간에 들어가는 순간 압도적인 느낌을 받게 된다. 돔 한가운데 원형 개구부에서 시시각각 다른 분위기의 빛이 쏟아져 내린다. 빛의 방향과 농도에 따라 벽에 새겨진 음각 패턴과 조각상은 느낌을 달리한다. 이 변화는 보는 사람에게 공간의 황홀경과 깊은 경외, 침묵의 순간을 선사한다. 돔 설계를 위한 공학적 계산과 기하학의 원리는 눈에 들어오지도 않고 다만 감동을 느끼게 하는 것이다.

원과 구체는 어떤 기하학 형태보다도 자기 완결성이 강하다. 중심점으로부터의 거리가 같다는 특징, 각도의 변화 없이 무한하게 연결된 매끈한 표면을 갖는다는 특징은 본질적인 공간이 될 가능성을 내포한다. 그래서 전통적으로 절대적 신권과 왕권을 강조하기 위해 원과 구를 건축에 활용했다.

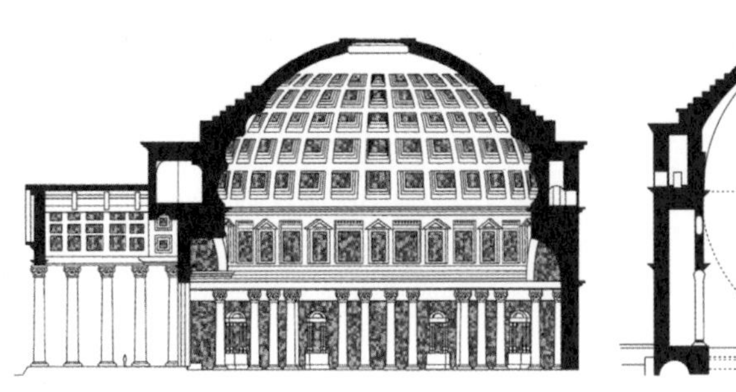

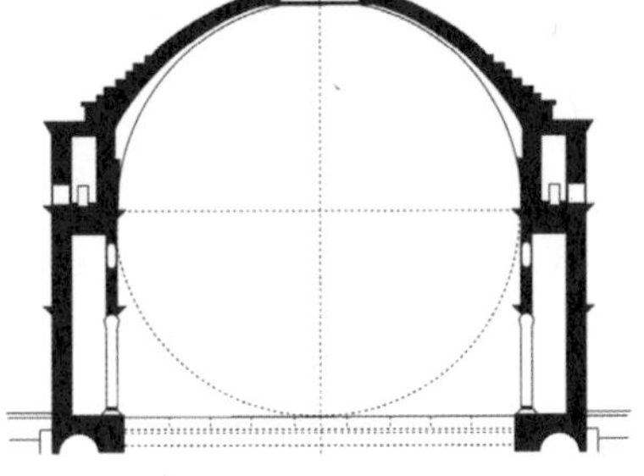

〈로마의 판테온Pantheon〉

판테온이 완전무결한 건축의 오랜 예시라면 '21세기의 판테온'은 프랑스 건축가 장 누벨Jean Nouvel이 설계한 아부다비 루브르 박물관Louvre Abu Dhabi에서 찾을 수 있다. 장 누벨은 그곳에 무수히 나눈 전시 공간과 이를 덮는 거대한 지붕 하나를 설계했다. 이 지붕은 잘게 조직된 도시의 박스형 건물 위에 불시착한 외계 비행체의 모습을 하고 있다. 장 누벨은 추상화한 아라베스크 패턴의 서로 다른 패널 7,850개를 조합해 새로운 하늘을 창조했다. 로마의 판테온이 오직 하나의 빛 통로를 통해 영감을 주는 공간을 만들었다면 아부다비 루브르 박물관은 예측 불가능한 수천, 수만 가지의 가능성이 있는 원형 지붕을 통해 빛의 통로를 만든 셈이다. 불확실성으로 가득 찬 빛의 유입과 산란, 그를 통해 일사불란하게 변화하는 그림자. 판테온에 한 줄기 빛의 궤적을 좇는 숭고함이 있다면, 아부다비 루브르 박물관에는 중심이 사라진 채 끊임없이 파열하는 빛의 무상함이 있다.

〈아부다비 루브르 박물관Louvre Abu Dhabi, 장 누벨〉

돌과 나무의 시간

우리나라에는 왜 오래 가는 건축물이 없을까?

영국 유학 시절 수업 시간에 유명한 건축 사무소 디렉터의 강연이 있었다. 나는 그가 어떤 내용을 이야기할지 잘 몰랐기 때문에 큰 기대를 하지 않았다. 그가 진행하는 프로젝트는 일반적인 건물을 설계하는 일은 아니었다. 유럽우주국ESA과 함께하는 일이었다. 건축 설계 회사와 유럽우주국이 과연 어떤 일을 함께하는 것일까? 의문은 바로 풀렸다. 그의 팀은 달에 어떻게 집을 설계할지 연구하고 있었다. 단순히 달에 집을 짓는 것을 넘어서 우주 산업의 거점을 달에 구축하는 프로젝트였다. 달의 중력은 지구 중력의 6분의 1밖에 되지 않기 때문에 우주선을 추진하기가 훨씬 수월할 것이었다. 어쨌든 〈마션〉 같은 영화에나 나올 법한 프로젝트였는데 우주 관련 기관뿐만 아니라 설계 회사도 함께하고 있다고 하니 놀라웠다. 생각해 보면 당연한 일이었다. 지금까지의 우주 개발이 기계와 로봇 중심이었다면 이제는 인간의 우주여행과 타 행성 정착으로 연구가 확장되었기 때문이다. 정착은 곧 거주 환경의 조성을 의미했다.

그들의 프로젝트는 건축가를 중심으로 과학, 지리학, 우주 공학, 물리학, 기하학, 재료 공학, 음향학의 전문가들이 팀을 이루고 있었다. 가장 흥미로운 것은 이들이 연구하는 달 집짓기의 기본 원칙과 관련된 이야기였다. 그의 이야기는 이랬다. 달에 집을 짓는 일은 위험하고 정교한 과정이다. 많은 사람이 갈 수도 없을 뿐만 아니라 집을 짓기 위해 수많은 기계 장비를 우주 너머로 보내는 데에만 큰 비용과 제약이 따른다. 거기에 건축을 위한 재료까지 지구에서 공수해야 한다면 달 집짓기 프로젝트는 동력을 상실하게 될 거라는 이야기였다. 가장 문제가 되는 재료는 바로 달에서 조달해야 한다.

간단한 과정은 이렇다. 달에 도착한 로봇은 정교하게 지질 정보를 조사해 지구의 보편적 재료인 시멘트나 콘크리트처럼 반죽을 통해 강도를 확보할 수 있는 재료를 찾는다. 찾아낸 암석을 파쇄한 후 건축의 외벽을 담당하게 한다. 이 재료는 크게 두 가지 측면에서 장점이 있다. 첫째로 지구에서 재료를 공수할 필요가 없다. 둘째로 달의 환경 변화에 적응할 수 있는 강도를 지닌다. 결국 달에 집을 지을 때 가장 큰 문제는 재료였다. 건축의 역사가 재료의 문제에서 전혀 벗어날 수 없는 것처럼 우주 시대의 건축

〈달 프로젝트 상상도〉

에도 적용되는 것이다.

다양한 대륙, 문명, 국가 그리고 사회를 배경으로 수많은 건축 문화가 존재해 왔다. 집에 관한 이야기 중 지리적 혹은 지질학적 환경은 결국 건축 재료로 귀결된다. 세상에는 수많은 재료가 있으므로 다뤄야 할 내용 또한 방대하다. 하지만 공통적인 원칙이 하나 있다. 건축을 위한 재료는 그 지역에서 쉽게 구할 수 있어야 한다는 점이다. 심지어 달에서도 그런 것처럼 말이다.

역사적으로 가장 대표적인 건축 재료는 목재와 석재로 양분된다. 철과 유리, 콘크리트가 산업 혁명 이후 급속도로 발전한 것을 감안한다면, 건축 역사에서 집을 짓는 데 돌과 나무가 주된 재료

였음은 분명하다. 특히 벽돌은 오랜 역사를 가진 재료로, 가장 오래된 흔적은 기원전 8000년까지 거슬러 올라간다. 벽을 세울 때 바위를 재단해 쌓는 것보다 단단한 진흙을 쌓아 올려 굳히는 것이 보다 수월했을 것이다. 벽돌의 강도를 높이기 위해 가마에 굽는 방식이 개발되면서 벽돌 사용이 보편화되었다.

노버트 쉐나우어Norbert Schoenauer의 《집6000 Years of Housing》에 언급된 '유사한 결정력이 유사한 건물 형태를 만든다'라는 이론은 전 세계에서 발견되는 건축 재료의 유사성을 근거로 한다. 수천 킬로미터가 떨어진 두 지역에서 유사 주거의 형태가 발견되었을 때 우리는 두 주거가 속한 사회와 문화가 어떤 방식으로든 연결고리가 있으며 영향을 주고받았을 거라고 짐작할 수 있다. 하지만 유사한 결정력 이론에서는 실제로 두 문화 사이에 직접적 교류보다 유사한 주거 형태와 재료를 만든 유사 요인이 있다는 것이다. 예를 들어 비슷한 위도의 지구 정반대에 위치한 두 침엽수림 지역이 있다고 가정해 보자. 이 두 지역에서는 엄청나게 내리는 눈을 극복하는 일이 큰 숙제일 것이다. 그들은 곧은 나무로 지붕을 덧대고 눈이 쌓이지 않도록 지붕의 형태를 가파르게 만들거나, 장기간의 폭설을 대비해 집 내부에 식량을 저장하는 공간을 만들 것이다. 즉 두 지역이 직접 교류를 통해 영향을 주고받지 않아도 생성될 수밖에 없는 집의 형식이다. 이때 사용하는 주재료 역시 같은 나무일 가능성이 높다. 자연환경 외에도 사회, 경제, 종교, 정치 또한 유사 결정력이 될 수 있다. 한편 이 이론에 반하는 주장도 있다. 세계 7대 불가사의로 불리는 이집트의 피라미드는 그 거대한 바위를 어디서 옮겨 왔는지가 흥미로운 사실인 것처럼 건축 재료에 지역성이 결여된 경우도 있다. 그러나 이는 왕과 신의 권위를 위해 지어진 건물로, 보편적인 집과는 다르게 이해해야 한다.

*

많은 사람이 동서양의 건축을 비교한다. 가장 흔한 질문 중 하나는 왜 우리나라에는 유럽 중세 도시에 가면 흔히 볼 수 있는, 천 년을 훌쩍 넘어서는 건물이 없느냐는 것이다. 대답을 하기 전에 한 가지 언급하고 싶은 점은 동서양의 건축을 단순히 석재나 목재로 나눠서 생각할 수 없다는 것이다. 유럽 안에서도 건축 재료의 종류가 다양했고, 실제로 영국은 16세기까지 주요 건축 자재는 나무였고, 북유럽 국가들 역시 곧게 자라 가공이 쉬운 나무를 주로 사용했다. 다시 질문으로 돌아와 우리나라에 상대적으로 오랜 건축물이 남아 있지 않은 이유는 재료의 지역성에서 찾을 수 있다.

건축용 자재로 가장 좋은 나무는 무엇일까? 여러 조건이 있겠지만 자르고 세공하기에 적당한 강도, 적정한 수축과 팽창력, 자재 생산성이 높게 반듯한 모양 등일 것이다. 사실 우리 나무는 곧고 바른 것보다 구부러진 경우가 많아서, 고택이나 사찰에서 이형의 나무를 쉽게 찾아볼 수 있다.

석재는 어떤가. 거대한 성곽이나 사찰의 탑, 불상 외에는 기억에 남는 것이 거의 없다. 왜 석재 건축은 우리 전통에서 한걸음 비켜서 있었을까? 유럽에 흔한 석조 건물과 셀 수 없이 널려 있는 조각품들을 왜 찾을 수 없을까? 동서양의 과학 기술은 산업 혁명 이전까지 큰 차이를 보이지 않았고 오히려 동양이 더 우수했다는 기록도 있는데 말이다. 그 차이는 기술이나 조각가의 역량 문제가 아니라 석재가 가진 고유의 특성에서 생겨났다. 유럽에서 주로 사용한 돌은 조각과 세공을 하는 데 유리한 대리석이었다. 대리석은 강도가 높지 않아서 비교적 짧은 시간에 세밀하게 조형할 수 있었다. 이에 비해 우리가 주로 사용한 화강암은 강도가 너무 높아 세공하기에 적합하지 않았다. 같은 인물의 흉상을 동일한 크기로 제작한다고 할 때 대리석과 화강암은 제작 기간이 다르다. 이처럼 암석의 강도가 석재 문화의 전반을 좌우했다.

우리는 목재를 견고하게 짜 맞추는 방식으로 발전했고, 유럽은 석재를 기반으로 단단하면서 화려한 건축으로 발전했다. 지역적 특수성이 건축의 지속성을 좌우한 것이다. 천년의 사찰이 하루아침에 화마에 휩싸여 흔적을 지워 버린 것처럼 나무는 지난한 역사 속에서 살아남을 수 없는 태생적 한계가 있었다. 석재 건물의 강건함은 그 시대의 역사적 주체가 누가 되었든 활용할 가치가 충분했기 때문에 오랜 시간 남아 있을 수 있었다. 돌과 나무의 시간은 그렇게 각각 다르게 흘러 지금에 이르렀다.

*

돌과 나무의 시간을 가장 잘 사용하는 건축가로 쿠마 켄고Kuma Kengo를 빼놓을 수 없을 것이다. 그는 다양한 재료를 실험하며 콘크리트 시대의 건축 너머에 있는 건축가로 여겨진다. 콘크리트와 철재, 돌과 나무, 타일, 볏단, 기와, 아크릴까지 그야말로 다양한 재료로 건축의 조형과 얼굴을 만들어 낸다. 그의 지향점은 적절한 재료 사용뿐만 아니라 좋은 공간과 그 공간을 사용하는 사람에 대한 애정에 있다. 돌과 나무라고 해서 널찍한 판재로 이루어진 것만을 사용하지 않고, 구축 방식에 차이를 둔다. 그는 작은 단위의 재료와 공간을 모으고 덧대어 반복적인 패턴을 만든다. 돌을 사용한 초쿠라 플라자Chokkura Plaza와 나무를 활용한 써니힐스 재팬Sunny Hills Japan을 보면 그가 추구하는 재료의 구축 방식을 알 수 있다. 초쿠라 플라자는 그 지역에서 나는 대곡석이라는 돌을 다이아몬드형의 틈을 두고 엇갈려 쌓음으로써 새로운 경관을 만들어 냈다. 신진 지 예술관Xinjin Zhi Museum은 기존의 재료를 쌓고 붙이는 방식을 넘어서 기와를 와이어에 매달아 부유시켰다.

오래된 건축을 만나면 벽이나 기둥을 만지게 된다. 시간을 견뎌 온 건물에는 특유의 향기와 촉감이 있어 기어코 만지게 되는 것이다. 그 촉감의 정체는 바로 건물을 감싸고 있는 재료들이다. 특히 오래된 돌과 나무를 만나면 내 손은 더욱 바쁘게 움직인다. 차가운 돌의 표면과 따뜻한 나무의 결을 손끝으로 느끼고 체온을 나누며 감응이 일어나는 그 순간, 나는 돌과 나무의 시간을 깨닫는다. 결국 천년의 시간을 견딘 건축을 본다는 것은 돌과 나무가 견뎌 온 시간을 확인하는 일이다. 물론 쿠마 켄코의 건축처럼 새것이지만 재료의 특성과 가치를 한껏 올려 만들어 낸 건축 역시 자꾸 손이 간다. 앞으로의 시간을 온전히 버텨 내길 바라는 마음 때문이다.

〈초쿠라 플라자Chokkura Plaza, 쿠마 켄고〉

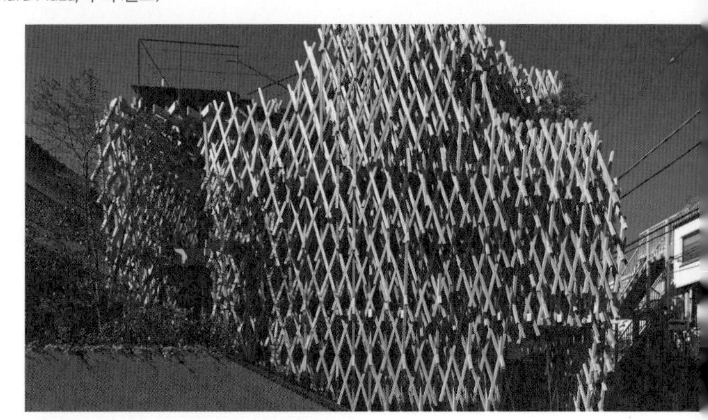

〈써니힐스 재팬Sunny Hills Japan, 쿠메 켄고〉

〈신진 지 예술관Xinjin Zhi Museum, 쿠마 켄고〉

이사의 추억

삶의 거처를 옮긴다는 것은 무엇을 의미할까?

친구들끼리 이사를 돕는 품앗이를 하고 있다. 친구 L의 이사, 친구 K의 신혼집 이사, 친구 S의 부모님 이사, 그리고 부모님과 함께 사는 나의 이사가 순차적으로 돌고 도는 것이다. 이사를 돕는 게 힘든 일이기도 하지만 그 시간이 일종의 MT 같아서 나름 즐겁게 하고 있다. 문제는 친구들이 장난삼아 '재난'이라고 불렀던 내 이사 때 벌어졌다. 원룸이나 2인 가족 규모의 이사 정도는 친구들끼리 도우면 쉽게 끝낼 수 있지만, 4인 가족인 우리 집은 경우가 달랐다. 포장 이사를 하지 않은 이유가 있었는데, 이사 가는 곳이 100미터도 채 떨어져 있지 않아서 트럭만 섭외하면 쉬운 이사가 될 거라고 생각했다. 지금은 이 생각이 얼마나 안일했는지 알고 있다. 물론 일말의 불안감이 있었는데 이사 바로 전 주

말에 있었던 일 때문이다.

우리 집은 단층 주택으로 부모님은 옥상에 텃밭을 가꾸셨다. 매일 아침 신선한 채소가 식탁 위에 오를 만큼 옥상에서 키우는 양이 어마어마했다. 텃밭에서 중요한 것은 가꾸는 사람의 정성과 관리 그리고 적절한 기온과 강수량이겠지만 가장 중요한 것은 땅 그 자체다. 텃밭은 아버지의 자부심이었고 좋은 땅, 즉 영양이 풍부한 비옥한 토질을 만드는 일이 도시 농부인 아버지에게 주어진 첫 번째 과제였다. 그는 발품을 팔아 기본 토양이 될 좋은 흙을 동네 야산에서 가져왔다. 그 흙과 비료를 배합해 완벽한 토질을 만든 다음 좋은 영양분을 많이 뿌려 주고 음식물 쓰레기까지 첨가해 비옥한 토양을 만들었다. 이 텃밭에서는 어떤 병약한 씨앗도 발아시킬 수 있을 것만 같았다. 아버지는 말씀하셨다. "흙을 가져가야 한다." 지금까지 이사를 다니면서 흙을 옮겨 본 적 없는 형과 나는 그의 자부심을 지켜야 했다.

형과 나는 아버지의 흙을 옥상에서 마당으로 내렸다. 당시의 작업 상황은 매우 척박했다. 원래 옥상으로 연결된 계단이 있었지만 어린아이들에게 위험하다는 이유로 철거했고 사다리로 오르내려야 했다. 그래서 화분째 던지기도 하고 흙이 담긴 상자를 밧줄로 묶어 조심히 바닥에 내려놓기도 했다. 우리는 그동안 어떻게 이만큼의 흙이 옥상에 존재할 수 있었는지 놀랄 따름이었다. 이윽고 마당에는 윤기가 흐르는 짙은 검은빛의 작은 산이 생겼다. 우리는 기억 저편에 봉인해 두었던 군 시절을 떠올리며 삽

질을 시작했다. 흙이 점차 자루에 담겨 모두 20자루가 만들어졌다. 삽질은 나의 모든 근육을 일깨웠고 이번 이사가 쉽지 않을 거라는 예고편처럼 뇌리에 남았다.

이삿날이 다가오자 조급해졌다. 짐은 내 생각보다 훨씬 많았다. 지하에서 줄지어 나오는 항아리와 염장 식품, 발효 식품들, 그리고 간수를 빼고 있는 소금까지. 아버지의 텃밭에 이어 어머니의 음식 창고가 문을 연 것이다. 돌아가신 할머니의 물건들까지. 할머니와 부모님의 역사를 숫자로 바꿔 보아도 200년을 훌쩍 뛰어넘는데, 바로 옆으로 이사를 간다는 사실 때문에 짐을 완벽하게 싸지 않았던 것이 패착이었다.

이사는 생각보다 오랜 시간 동안 이어졌다. 이사뿐만 아니라 오랜 가구들도 처분해야 했기 때문에 집은 아수라장이었다. 이사를 도우러 온 친구들은 짐을 옮기며 나와 마주칠 때마다 '재난'이나 '재앙'이라는 단어로 이번 이사를 묘사했다. 지금 생각해 보면 미안한 일이지만 누구라도 이런 이사를 상상하지 못했을 것이다. 기껏해야 가구 몇 개, 잘 포장된 박스 몇 개 옮긴다고 생각했을 텐데, 흙과 소금이라니. 친구들은 이사 이후 몇 해 동안 그날의 이사를 회상하며 나를 몰아세웠다.

*

이사는 자신이 살던 공간을 옮기는 일이다. 물리적·사회적 환경을 옮겨 새로운 공간으로 간다는 측면에서 보자면 이사 역시 여행이라는 큰 범주에 넣어 볼 수도 있겠다. 소설가 제임스 설터James Salter는 《소설을 쓰고 싶다면》에서 여행에 대해 이렇게 말했다. "여행은 나에게는 필수적인 거랍니다. 탁 트인 길 그리고 완전히 새로운 것을 보는 건 무엇과도 비교할 수 없는 상황이죠. 난 여행에 익숙해져 있어요. 여행은 특히 새로운 얼굴들을 보고 만나거나 새로운 이야기들을 듣는 문제가 아니라 인생을 다른 방식으로 보는 문제예요. 또 다른 막이 전개되는 커튼인 거죠." 그는 여행이란 기존의 사고방식과는 다른 방식의 경험이라고 말했다. 새로운 경험을 할 수 있는 낯선 공간으로의 이동이라는 점에서 이사는 여행이 된다.

사람마다 다르겠지만 이사를 일상적인 삶의 패턴으로 받아들이는 사람이 있을 테고, 누군가에게는 계약 때문에 어쩔 수 없이 해야 하는 귀찮은 일이겠고, 제임스 설터의 이야기처럼 환경을 바꿈으로써 새로운 경험을 하는 여행의 과정으로 생각하는 이도 있을 것이다. 사실 이사는 부담스러운 일이다. 이사 갈 집을 찾고, 집주인과 계약 내용을 협의하고, 살던 집을 원상 복구하고, 이사 갈 집을 청소하고, 이삿짐을 어떻게 싸고 어떤 업체를 부를지 결정하고, 전기와 가스 요금을 정리하는 등 이사라는 '사건'에는 신경 쓸 일이 여간 많지 않다. 하나씩 일 처리를 하면서 겪게 되는 스트레스와 가족 사이에서 발생하는 의견 충돌을 생각하면, 이사는 최대한 안 하는 것이 좋겠다는 생각이 들기도 한다.

하지만 이사를 통해 발견하게 되는 장점도 있다. 물건 정리와 환경 변화가 주는 일종의 청량감이 첫 번째다. 그리고 그동안 자주 사용했던 것들과 어딘가에서 잃어버린 것들을 찾아 주기도 한다. 아무리 찾아도 나오지 않던 소중한 물건을 이삿날 우연히 발견하게 되는 경우 말이다. 그리고 오래전 흐려진 기억들을 한 번에 소환하기도 한다. 어린 시절의 물건과 편지, 사진을 발견하고 오래전 적어 둔 일기를 들춰 보며 말이다.

이사를 할 때 가족의 모습을 유심히 지켜보면 그들이 소중히 다루는 물건이 무엇인지 알 수 있다. 누군가에겐 책일 수도 있고, 비싼 가구나 귀금속으로 가득 찬 상자일 수도 있다. 나의 부모님의 보물은 흙과 소금이었다. 지금이 농경 시대도 아니고 흙과 소금이 보물이라니…. 아마도 이사가 결정되고 나서 아버지의 첫 번째 걱정은 '옥상의 흙을 어떻게 옮길까? 아들들에게 어떻게 이야기할까?'였을 것이다. 당신들이 중요하다며 텃밭 일을 도와 달라고 할 때마다 귀찮은 듯 대답을 흘렸었는데 이 글을 쓰고 있는 지금 그들의 보물이 너무나 소중하게 느껴진다. 이렇듯 이사라는 사건은 우리에게 말을 건다. 누군가가 소중하게 생각하는 보물이 무엇인지에 대해서 말이다.

재난 현장과 같던 이사 현장은 점차 정리되었다. 오랜 집의 흔적은 사라지고 새롭게 맞이할 집이 눈앞에 나타났다. 나의 가장 큰 장점은 상황을 최대한 낙관하고 긍정적인 태도를 갖는다는 것이다. 친구들은 이사 이후로도 우리 집을 이야기하면서 이사 준비를 어떻게 하는 것이 옳은 방법인지, 주변에 도움을 요청할 때는 어느 정도까지 준비를 해야 하는 것인지에 대해 귀가 따가울 정도로 말하곤 했다. 주변 친구들에게 나의 안일함과 우리 집 이사의 잔혹함에 대해 말할 때면, 나는 그저 미안함에 머쓱한 웃음을 지을 뿐이다.

이사한 집 옥상의 텃밭은 잘 굴러간다. 겨우내 얼었던 흙이 봄 기운을 만나 풀어지기 시작하면 아버지는 비료와 모종을 사러 간다. 매일 아침 텃밭에 물을 주고 가지의 힘이 약하거나 넝쿨이 지는 작물에는 나무 기둥을 덧대어 잘 자랄 수 있게 세워 준다. 잡초는 언제나 풍년이어서 손이 쉴 틈이 없다. 밭이 무성해지면 송충이를 잡는 일도 더해진다. 작은 밭이지만 일은 계속된다. 올해에도 우리 집 식탁은 부모님이 가꾸어 낸 자연의 향기와 질감으로 그득하다. 나와 친구들이 옮겨 온 흙에서는 씨를 뿌리지도, 모종을 심지도 않은 작물이 나오기도 하는데 이번에는 큼직한 참외 여럿이 나왔다.

3부

영감의 원천

도시 읽어주는 남자

보다 효과적으로 도시를 여행할 수는 없을까?

이탈리아 피렌체역 앞에서 투어 버스를 탔다. 산 지미냐노와 시에나를 둘러보는 코스였다. 나는 호기롭게 영어 투어를 신청해 다양한 국적을 가진 사람들과 함께 버스에 올랐다. 산 지미냐노는 중세 이탈리아의 흔적을 간직한 도시로 다양한 높이의 종루가 솟은 독특한 도시 경관으로 유명하다. 가이드는 토스카나에서 나고 자란 사람으로 표정이 풍부하고 친절했는데 많은 이탈리아 사람이 그렇듯 빠르게 말했다. 그의 특유의 억양 때문에 영어를 들으면서도 이탈리아어를 듣고 있는 듯한 착각마저 들었다. 그는 오랜 가이드 경험으로 관광객을 상대하는 법을 잘 알고 있었다. 산 지미냐노의 정확한 발음에 대해 농담하며 사람들로부터 웃음을 끌어냈다. 단 5분의 시간만으로 그는 우리의 신뢰를 얻었다.

산 지미냐노가 희미하게 보이는 와이너리에서 점심을 먹고 마을 입구에 모였다. "자유 시간은 50분입니다." 가이드가 말했다. 고작 50분이라니. 더운 여름, 그것도 태양이 가장 높게 뜬 시간이었고 마을 중심의 광장까지 왕복 20분이 걸린다는 걸 감안하면 확실한 문제였다. 건축을 전공한 사람으로서 중세의 흔적들을 유심히 봐야 할 의무와 책임이 있었다. 뿐만 아니라 가이드가 추천한, 세계 젤라토 대회에서 1등을 했다는 그곳의 아이스크림을 맛봐야 했다.

일단 빠른 걸음으로 광장으로 향했다. 사람들이 기념품 가게에 현혹되는 동안 마을의 골목길을 탐험했다. 나는 어안렌즈 수준으로 전후좌우를 한 번에 살피기 시작했다. 광장을 지나 젤라토 가게에 갔지만 20분 정도의 대기줄이 있다는 걸 알고 좌절했다. 목이 타 들어가는 고통을 뒤로하고 발길을 돌렸다. 도시 전체를 조망할 수 있는 종루에 올라야 했다. 좁은 계단을 올라 종루 가장 높은 곳에 오르자 해발고도 360미터, 오후 2시의 태양이 온 얼굴에 내려앉았다. 그와 동시에 시원한 바람도 불어왔다. 산 지미냐노의 전경을 내려다보며 내가 돌아다닌 길의 궤적을 눈으로 그렸다. 그리고 그 너머 끝없이 펼쳐진 포도밭과 지평선을 바라봤다. 그제야 이 도시에 왔음이 실감 났다.

〈산 지미냐노 전경〉

*

여행은 내가 살던 도시와 지역을 둘러싼 문화적, 사회적 환경을 벗어나 다른 세계로 가는 일이다. 모든 것이 달라지는 와중에도 변하지 않는 것이 있다면 그건 바로 나 자신이다. 개인 여행자의 취향, 성격, 생각, 관심사 등이 여행의 내용을 결정하는 것이다. 여행을 통한 사고의 확장이나 감동도 개인마다 차이가 있어서, 누군가의 여행 방식을 보면 그의 사고를 읽을 수 있다. 새로운 마을에 갔을 때 집 대문의 모양이나 문손잡이, 난간의 모양을 감상하는 것만으로도 만족을 느끼는 사람이 있는 반면 현지의 음식을 맛보며 문화를 이해하려는 사람도 있다. 쇼핑을 통해 그 지역 사람들의 유행이나 생활 패턴을 가늠해 볼 수도 있을 것이다. 건축가 천경환의 《나는 바닥에 탐닉한다》는 각 도시의 바닥 관찰기다. 바닥의 재료는 무엇인지, 맨홀 디자인은 어떻게 변했는지 등 바닥이라는 미시 세계를 연결하다 보면 도시 전체에 대한 이해에 다다르게 된다. 자신의 관심사를 퍼즐 맞추기처럼 연결해 여행을 완성하는 것이다.

나에게도 새로운 도시를 여행할 때 적용하는 몇 가지 원칙이 있다. 나는 그 원칙들을 도시에 가기 전과 도착하고 하루나 이틀 안에 실행하는데, 첫 번째는 지도를 보고 미리 도시의 구조를 파악하는 것이고, 두 번째는 도시를 조망할 수 있는 전망대나 높은 지대에 올라가는 것이며, 세 번째는 도심지를 무작정 돌아다니면서 눈과 발에 익숙하게 만드는 것이다. 이와 같은 원칙을 갖게 된 것은 건축을 공부했기 때문도 있지만, 도시를 총체적으로 이해하고 싶은 욕심 때문이다. 도시의 구조를 파악하는 데서 이해의 첫발을 내딛는 것이다. 그 모든 작업이 끝난 후에 도시의 일상을 경험하려 한다.

*

이런 원칙들은 가이드 활동을 하던 시기에도 고스란히 드러났다. 나는 '도시를 읽어 주는 남자', 일명 '도읽남'이라는 닉네임으로 런던 유학 시절 투어 가이드 일을 했다. 보여 주고, 알려 주고, 느끼게 해 주는 것이 아니라 읽어 준다는 데 중심을 두었는데, 즉각적인 반응이 아니라 관찰과 노력이 필요하다는 의미를 두었다. 내가 일했던 곳은 신생 투어 회사였다. 그래서 정해진 투어 상품 없이 회사 구성원이 하나씩 만들어 나가는 중이었다.

나는 런던 시티 투어를 맡았다. 투어를 구상하면서 내 스스로 던졌던 첫 번째 질문은 '8시간이라는 제한된 시간 동안 런던이라는 도시를 어떻게 읽어 낼 것인가'였다. 당시 대부분의 투어는 런던의 명소 빅벤(영국 의회 건물 시계탑) 앞에 집결해 도시 곳곳을 순차적으로 도는 프로그램이었다. 시내 곳곳의 명소를 하나의 점으로 비유한다면, 점들을 연결해 선을 만들어 나가는 것이 기존 투어의 방식이었다. 나는 기존의 방식을 벗어나 먼저 런던이라는 거대한 점과 선으로 이뤄진 도시의 얼개를 보고서 하나하나에 가까이 다가가는 방식을 생각했다. 다시 말해 런던의 전체를 먼저 확인한 후 디테일을 살피는 방식 말이다.

내가 생각한 그림은 다음과 같다. 런던은 지대가 높지 않아 한눈에 조망하기 쉽지 않다. 이 같은 지리적 약점을 극복하고 런던의 특징을 드러낼 수 있는 공간이 투어의 첫 번째 시작점이 된다

〈프림로즈 힐에서 바라본 런던 시내〉

면 어디가 좋을지를 고민했다. 그렇게 생각한 것이 런던 시내 북쪽에 위치한 프림로즈 힐Primrose Hill이었다. 언덕에 올라서면 프림로즈 힐과 리젠트 파크The Regent's Park가 먼저 눈에 들어오고 그 너머로 런던 시내의 전경이 펼쳐진다. 런던의 구조와 역사, 개괄적인 투어의 진행까지 설명하기에 이상적인 장소였다. 그 후에 버킹엄 궁전, 빅벤, 런던 아이, 세인트 폴 대성당, 런던 타워, 타워 브리지, 템스강 등을 둘러보는 일정이었다. 여러 가지 이유로 초기 구상 단계에서 더 진전되지 못했지만, 나는 그러한 방식이 도시를 여행하기에 여전히 유효하다고 생각한다.

누군가는 도시를 읽는다는 표현은 반쪽짜리 이야기가 아니냐고 말할 수 있다. 도시의 구조와 흔적을 찾는 것도 물론 중요하지만 그곳에 살아가는 사람들의 삶을 읽어 낼 수는 없다는 이유다. 물론 그런 주장에도 일리는 있다. 도시는 그 어느 시설보다도 그곳에 사는 사람들을 통해 자신의 존재를 증명하기 때문이다. 그럼에도 불구하고 도시의 겉모습은 그곳에 사는 사람들의 삶이 묻어난 결과물이기에 분명 가치 있다. 도로 체계와 건물의 형식, 각종 장식들은 피상적으로 보이지만 실상 시민들의 삶을 드러낸다. 왜 영국의 우체통은 빨간색인지, 왜 선술집에는 꽃바구니가 걸려 있는지, 왜 런던에 공원과 시계탑이 많은지, 왜 런던 사람들은 검은 옷을 많이 입는지, 시내를 걸으며 바라보는 도시의 면면들을 통해 그 존재 이유를 묻는 것이다. 그리고 궁금증을 하나씩 풀어 가다 보면 어느새 도시의 겉모습만이 아니라 그 안쪽의 삶까지도 열심히 읽고 있는 자신을 발견하게 될 것이다.

건축 비엔날레의 단상

건축가에게 자유는 어떤 의미일까?

나는 삼 남매 중 막내다. 막내로 누린 특권과 생존 본능은 나에게 자유를 주었다. 특권이라면 이런 거다. 부모가 자녀에게 무한한 기대를 했다가 자녀를 기르는 일이 녹록지 않음을, 그리고 자신들의 의도와는 다른 방향으로 흘러간다는 사실을 깨닫고는 기대를 덜 하게 되는 것이다. 나는 형과 누나를 통해 좌절을 겪은 부모님이 내게는 기대를 덜 하게 되면서 자유를 얻었다. 또한 생존 본능은 이런 거다. 나이 차이가 많이 나지 않는 형제 사이에는 유독 엄격한 서열이 존재한다. 때문에 불합리하지만 생존을 위해 지켜야 하는 룰이 있다. 가령 만화책 《슬램덩크》의 새로운 단행본이 나왔다고 치자. 돈은 형에게서 나온다. 나는 그 돈을 들고 왕복 50분이 걸리는 서점에서 책을 사, 비닐도 뜯지 않은 채 집으로 간다. 형이 낄낄거리며 책을 넘길 동안 나는 초조히 기다린다. 잠시 후 책은 누나에게 넘겨진다. 사실 누나에게는 불만이 있었다. 돈을 낸 것도 아니고 사 온 것도 아닌데 누나라는 이유로 나보다 먼저 본다는 사실이 억울했다. 누나는 그걸 알기 때문에 놀리면서 책을 봤는데, 그러면 나는 더욱 울화가 치밀어 올랐다. 그때 내가 먼저 비닐을 뜯었다면, 형은 잘못된 퍼즐을 끼워 맞추듯 나를 응징했을 것이다. 그때 나는 일종의 생존 본능으로 어느 정도의 선을 지켰고, 동시에 《슬램덩크》의 비닐을 가장 먼저 뜯는 '자유'를 열망했는지도 모르겠다.

*

자유란 무엇인가. 자유는 맥락에 따라 다양한 의미를 부여할 수 있다. 자유를 정의할 자유가 모두에게 주어져 있기에, 누군가는 인터넷 검색창의 자유를 검색할 수도 있고, 존 스튜어트 밀John Stuart Mill의 《자유론》에 밑줄을 그을 수도 있으며, 뉴욕의 자유의 여신상을 떠올릴 수도 있을 것이다. 영화 〈쇼생크 탈출〉의 주인공이 감옥을 탈출하며 외친 '자유Freedom'라는 단어에 쾌감을 느끼거나 자유가 적힌 초코바를 먹으며 달콤함을 느낄 수도 있을 것이다. 그런가 하면 나처럼 어린 시절의 기억을 소환해 막내와 자유의 역학 관계에 대해 진지한 성찰을 할 수도 있을 것이다.

자유에 대한 이야기를 이렇게 다양하게 하는 것은 2018년 베니스 건축 비엔날레의 주제가 '프리 스페이스Freespace'였기 때문이다. 굳이 번역하자면 '자유 공간'이 되겠다. 보는 사람에 따라 다르겠으나 '공간'보다는 '자유'에 방점을 두고 있음이 분명해 보인다. 비엔날레에서 가장 주목해 볼 것은 프리 스페이스에 대한 건축가들의 해석이었다. 국가관이라는 형태를 통해 국가별 차이를 볼 수 있다는 점 또한 흥미로웠다. 국가마다 주제 해석과 전시 공간의 규모, 형식에도 큰 차이를 보였다.

나는 평소에 전시가 두 종류로 나뉜다고 생각한다. 지적 정보를 강조하는 전시와 경험을 강조하는 전시다. 전시 내용과 형식이 한 권의 책으로 수렴되는 전시가 있다. 두꺼운 책을 낱장으로 뜯어 흩뿌려 놓는 것 같은, 지적 정보를 전달하고 강조하는 전시 말이다. 반면 모든 감각을 동원해 느끼는 경험과 체험이 중요한 전시가 있다. 물론 무엇이 더 좋다고 단정할 수는 없다. 전시 주제에 따라 구성 방식이 달라질 수 있을 뿐 아니라 관람객의 취향과 선호가 다르기 때문이다. 나는 경험과 체험이 강조된 감각적인 전시를 좋아한다. 가령 하늘을 주제로 전시를 한다면, 제임스 터렐James Turrell의 작품처럼 고요한 공간에 하늘이 보이는 창문만 하나 만들어 두는 것이 세상 모든 지식을 모아 전시하는 것보다 탁월해 보인다. 물론 누군가는 하늘에 뜬 구름의 형태에 따른 학술적 서술이나 하늘이 파랗게 보이는 이유에 관한 과학적 탐구, 또는 하늘을 주제로 한 시나 소설이 더 가슴에 와 닿을 수도 있을 것이다.

〈더 컬러 인사이드The Color Inside, 제임스 터렐〉

전시에 관한 내 취향은 비엔날레 전시에서도 극명하게 나뉘었다. 가장 먼저 달려간 곳은 당연히 한국관이었다. 한국관에서는 1960년대 국가 주도 건축에 관한 아카이브와 현 건축가들의 사유를 전시했다. 한국종합기술개발공사가 주도한 국가적 도시·건축 설계인 세운상가, 여의도 마스터플랜, 구로 무역 박람회, 엑스포 70 한국관 등의 프로젝트를 들여다봄으로써 당시 한국 건축계가 당면한 상황을 재조명했다. 쉽게 말해 자료를 보는 전시였다. 전시 제목은 스테이트 아방가르드의 유령Spectres of the State Avantgarde으로, 전시 내용보다는 제목이 더 그럴싸해 보였다. '스테이트 아방가르드'가 국가 주도의 건축으로 인한 억압과 건축가들의 자유가 역설적으로 공존했던 당시의 상황을 표현했다면, '유령'은 우리 도시 공간에 있는 듯 없는 듯 여전히 머무르는 당시 프로젝트들을 의미했다. 아카이브 전시를 보며 사실 나는 차라리 책을 하나 쥐여 주면 좋겠다고 생각했다. 부족한 시간에 비해 봐야 할 것이 너무나 많았기 때문이다.

나는 국가관의 전반적인 흐름을 통해 역사와 정치, 경제적 상황이 전시에 많은 영향을 끼친다는 것을 확인했다. 특히 제국주의 시대에 피해자였던 동남아시아와 아프리카 등지의 개발도상국들에서 도드라졌는데, 식민 지배의 아픔, 억압과 폭력, 차별, 독재와 가난까지. 마치 한국관에서 명명한 '유령'이 여기저기에 떠도는 듯 보였다. 과거의 상처로 인해 아직 풀어내지 못한 정치, 사회, 경제가 도시와 건축으로 연결된다는 점은 이해하지만, 자

〈스테이트 아방가르드의 유령Spectres of the State Avantgarde〉

유 공간의 개념이 여전히 20세기의 흔적에만 머무는 것은 아닌가 하는 의문이 들었다. 보다 확장된 자유의 해석을 기대했던 나에게는 실망스러웠다.

반면에 가장 흥미로운 전시는 영국관으로 자유 공간에 관한 해석을 가장 급진적으로 표현했다. 제국주의의 시초였던 그들은 자유의 억압과 불합리를 시대의 현장으로 회자하는 시기를 지나, 보편적 자유 그 자체를 시적으로 표현하는 데 관심을 두었다. 영국관의 제목은 섬Island으로, 실내와 건물 옥상으로 공간을 나눠

〈섬Island의 텅 빈 내부〉

전시를 기획했다. 실내 공간은 이탈리아 르네상스 시대의 전통 가옥인 팔라디안 스타일Palladian Style의 구조를 띠고 있었다. 중심 공간과 사방으로 확장된 평면 구조가 특징인데, 영국관은 어떤 전시 작품도 존재하지 않는 텅 빈 공간을 계획했다. 입구의 전시 설명 역시 작년의 문구가 지워지다 만 흔적만 존재할 뿐이었다. 두 번째 전시 공간은 임시 계단을 오르면 만나게 되는 건물의 옥상으로 바로 이 공간이 '섬'을 의미했다. 이 섬에 오르면 베네치아의 전경과 태양을 피할 수 있는 파라솔이 나타나고, 잎을 직접 우

〈섬Island의 옥상 공간〉

려 건네주는 뜨거운 차는 영국 전통의 애프터눈 티를 연상시켰다. 텅 빈 공간 위의 섬에서 뜨거운 태양 아래 짙은 향의 차를 마시며 베네치아의 바다를 바라보는 경험은 분명한 새로움이었다.

전시 도록 첫 페이지, 첫 문장에는 전시의 지향점이 한마디로 정리되어 있었다. "건축가는 가능한 한 아무것도 만들지 말아야 한다." 스페인 건축가 알레한드로 데 라 소타Alejandro de la Sota의 이 말은 최소한의 계획이 건축가의 미덕이라는 점을 의미한다. 건물의 텅 빈 공간은 다양한 가능성의 공간으로 작동하게 될 것이었다. 실내 공간은 사람들이 대화하고 공연하는 반응의 공간이 될 것이었다. 반면 옥상의 섬은 추방된 사람들의 공간이 될 수 있음을 말하고 있었다. 그들은 이 공간이 유기와 복원, 안식과 고립, 식민주의, 기후 변화와 정치적 환경 등의 가치를 아우른다고 이야기했다. 결국 설명을 통해 드러나는 전시의 배경에는 과거 영국이 제국주의와 식민지 정책, 환경 파괴와 같은 어두운 기억을 소환해 성찰하는 측면이 담겨 있었다. 그들은 단순한 두 공간의 중첩을 통해 자유 공간을 '말하지 않는 방식'으로 말하고 있었다.

어떤 전시에서는 설명이 부재한 혹은 즉각적인 해석이 불가능한 시적 공간을 마주하는 경우가 있다. 난해한 현대 미술을 보는 것과 유사한 경험인데 이런 경우에 우리는 작가의 의도나 일반적인 해석을 넘어서는 자기만의 주관을 개입해도 무관하다. 영국관의 섬은 소위 '이런 건 나도 만들겠다'라는 비난과, 뜨거운 여름에 뜨거운 차를 대접하는 게 어떤 의미냐는 원성을 살 수도 있다. 하지만 기존의 틀을 비트는 강력한 힘이 섬에는 분명 있다. 채워야 하는 공간을 비우고 굳이 없어도 되는 임시 구조물로 새로운 섬을 만들어 두 공간을 대비하는 힘. 그리고 고립된 섬의 뜨거운 태양 아래서 애써 뜨거운 차를 마시며 안식을 취하는 모순의 충돌은 분명 쉬운 경험이 아니다.

베를린 클럽에 가지 못한 여행자

우연은 여행에 어떤 힘을 줄까?

런던 유학 시절 근처 독일 여행을 두 번이나 했지만 베를린은 한 번도 가 보지 못했다. 소문의 베를린은 유럽의 젊은 아티스트들이 모여 냉전의 문화를 예술로 승화시킨 트렌디한 도시였다. 무엇보다 나이트 라이프가 재미있다는 이야기가 귀를 사로잡았다. 나는 추천받은 클럽과 명소, 카페와 레스토랑을 지도에 찍으며 분주하게 여행을 준비했다.

베를린에 도착한 첫째 날과 둘째 날은 나만의 여행 원칙에 따라 도시의 주요 지점을 연결하는 버스를 타고 도시를 돌아다녔다. 그리고 3일째가 되는 날 베를린에 사는 친구 K의 집에 방문했다. 베를린 일정은 2주 정도로 넉넉했기 때문에 따로 하루를 비워 둔 터였다. 대학 친구인 K는 베를린에서 건축 박사 과정을

〈형제의 키스fraternal kiss, 베를린 장벽〉

밟고 있었다. 그의 집은 베를린 서남부의 한적한 마을에 있었고, 독일 통일 전으로 치면 서독 지역이었다. 그는 독일 태생으로 내가 방문한 집 역시 가족의 손때가 고스란히 묻어 있었다. 그의 조부모가 남겨 주었다는 집에는 소파, 의자, 테이블, 수납장, 책장, 카펫, 커튼, 마음을 써 다듬어 낸 손길이 오롯이 보이는 정원까지 허투루 존재하는 것이 하나도 없었다. 오랜 시간 가족이 살아가면서 최적의 집을 찾아낸 것처럼, 원래 그 자리에 있어야 할 것 같은 안정감과 편안함이 있었다.

대략적인 일정은 이랬다. 먼저 거실에서 커피를 마시며 그간의 타임라인을 공유한다. 창밖으로 보이는 곱게 꾸민 정원을 구경한 뒤 나무 옆 의자에 앉아 친구의 독일 생활 이야기를 듣는다. 웃음 속에 허기가 느껴질 즈음 근처 마켓에 가서 연어를 사고 동네를 산책한 후 그의 SNS에서 보았던 콩국수를 점심으로 먹는다. 그리고 K가 계획한 일정을 시작한다. 나는 K의 부탁으로 베를린 시내에서 검은색 유니콘 모양의 대형 튜브를 하나 사 온 참이었다. 그가 준비한 물놀이를 위해서였다.

우리는 마을과 연결된 작은 숲을 지나 가늘고 길게 이어진 호수로 갔다. 작지만 그럴듯한 백사장을 갖춘 곳이었다. 이미 곳곳에서 마을 사람들이 수영을 즐겼다. 시끌벅적한 어린아이들과 호수 건너 큰 바위에 나란히 누운 노부부의 모습이 평화로웠다. 이른 시간에 물놀이를 마친 우리는 집으로 돌아와 소파에서 낮잠을 잤다. 저녁은 마켓에서 산 연어로 회덮밥을 만들어 먹었다. 밤이 되면 다시 호수로 가 물에 비친 밤하늘을 바라봤다. 밤 수영을 즐기는 이도 몇 있었다. 다시 어두운 숲을 지나 집에 돌아온 나는 내 몸에 꼭 맞는 싱글 침대가 있는 소박한 방에서 잠이 들었다. 그리고 눈이 스스로 뜨일 때까지 오랜 잠을 잤다.

*

여행을 하는 각자의 방식이 있겠지만 유명한 도시는 여행자만의 취향이 드러나지 않는 경우도 있다. 도시의 상징인 역사적 장소나 박물관, 미술관과 같은 보편적인 관광지뿐만 아니라 각종 'To Do List'나 '죽기 전에 꼭 가봐야 할 장소'를 빼놓을 수 없기 때문이다. 가령 뉴욕에서 엠파이어스테이트 빌딩 전망대에 올라 자유의 여신상을 관람하고 센트럴 파크를 산책한 뒤 구겐하임 미술관에 갔다가 저녁에는 뮤지컬을 관람하는 등의 일정 말이다. 매디슨스퀘어 파크에서 쇼핑을 하고 유명한 햄버거 가게를 들르는 일정도 빼놓을 수 없다. 하이 라인을 따라 산책하다가 유명한 마켓에 들러 사진으로만 보던 킹크랩 수프 한 그릇을 먹기도 해야 할 것이다. 그래서 유명 도시의 여행자들 대부분은 유사한 경험을 공유한다. 뉴욕을 다녀왔다고 이야기할 때 사람들은 SNS에 유명한 핫 플레이스 방문기를 꼭 올려야 한다는 강박에 시달리는 듯하다. 이와 같은 현상은 사회학자 피에르 부르디외Pierre Bourdieu의 '아비투스Habitus', 즉 사회와 대중 매체가 만들어 낸 관습에 따른 행동에 지나지 않는다. 관습적인 여행은 새로운 영감을 불러일으키지 못한다. 물론 같은 것을 보더라도 그것을 어떻게 받아들이고 해석하는지는 개인에게 달린 문제이기에 같은 것을 보는 행위는 문제가 아니다. 하지만 문제는 개별적 해석을 할 시간적 여유도, 새로운 경험을 지향할 심리적 여유도 없다는 데 있다.

우리는 타인이 만들어 낸 여행의 관습에서 벗어나 어떻게 나의 이야기를 만들 것인가 고민할 필요가 있다. 제한된 일정 속에서 어떻게 나만의 리스트를 만들 것인가. 우선 여행 계획에 대한 고정된 시각을 버려야 한다. 아무리 유명한 곳이라도 나의 취향과 맞지 않는 리스트는 과감히 삭제하는 것이다. 그렇게 일정을 비운 하루 정도는 우연히 벌어지는 상황들에 나를 넣어 보면 어떨까? 무엇보다 중요한 것은 나에 대해 진지하게 생각해 보는 것이다. 나는 어떤 사람이며, 어떤 취향을 가지며, 무엇을 할 때 행복한지에 대해. 반 고흐Vincent Van Gogh의 그림을 진짜로 좋아하는지에 대해. 여행을 좋아하는지에 대해. 스스로 지향하는 바를 구조화할 때 자신만의 여행기가 쓰인다.

*

K의 집에서 하룻밤을 보내는 동안 나는 베를린 시내에서 하루 종일 버스를 타고 걸으며 봤던 풍경들을 잊었다. 그만큼 작고 소박하지만 풍요로움을 느낀 하루였다. 그가 정성스레 조리해 정갈하게 담아낸 요리가 즐거웠고, 호수로 가는 숲길을 산책한 것과 수영을 한 것이 행복했다. 색다른 경험이었다. K의 집을 떠나 숙소로 돌아온 후, 나의 베를린 여행은 조금 달라졌다. 그렇다고 해서 이미 예약해 둔 베를린 시내 숙소를 취소하고 캠핑을 했다거나 정처 없이 숲과 호수를 떠도는 여행을 했다는 것은 아니고, 다만 소문이 무성했던 베를린 클럽에 가고 싶은 마음은 조금 줄어들었다.

나는 나보다 늦게 베를린에 도착한 친구 E에게 호수를 보여 주고 싶었다. 나는 E와 함께 K의 집 근처 숲길을 걸어 오이처럼 길쭉한 호수로 향했다. 후에 알고 보니 호수의 이름은 '굽은 호수Krumme Lanke'였다. 우리는 호수에 도착하자마자 짐을 내려 두고 수영을 했다. 동행한 E는 멋진 수영 실력으로 호수를 가로질렀고, 나는 멀리서 부러운 눈길로 그를 바라봤다. 우리는 아이처럼 웃었다. 그러고 보면 호수와 인접한 산책로마다 사람들이 수영하고 있었고, 어린아이들은 나무에 올라 다이빙하기를 반복했다. 우리는 수영에 지치면 길을 걷고, 땀이 나면 다시 수영을 했다. 인접한 호수들을 모두 방문했고, 마지막에 도착한 반제 호수Wannsee에서 하루를 다 보냈다. 베를린 시내와는 달리 온전히 우리의 감각에만 집중할 수 있는 시간이었다. 호수를 여행하며 몇 장의 사진을 남겼는데 얼핏 보기에는 서울 근교의 어느 호수와 잘 구분이 가지 않았다. 하지만 평범한 사진 속에는 우리의 기억에서만 존재하는 그곳 사람들의 표정이 담겨 있었다.

결론을 이야기하자면 나는 베를린 클럽에 가지 않았다. 클럽 언저리까지 가 봤지만 어쩐 일인지 마음이 생기질 않았기 때문이다. 나는 대신 깊은 밤에 들어선 베를린 시내를 천천히 배회하다 숙소로 돌아갔다. 여행 후 베를린 이야기를 할 기회가 생길 때면 나는 베를린 장벽이나 클럽이 아니라 호수를 말하는 사람이 되었다. 계획에 없던 호수에서의 망중한이 성공적이었으므로, 나는 여행지에서 '우연'을 더욱 믿는 사람이 되어 버렸다.

〈굽은 호수Krumme Lanke와 반제 호수Wannsee〉

맥주 한 잔에 되찾은 소중함

기억은 어디에 담길까?

베를린과 런던을 거쳐 이탈리아 로마에 도착했다. 어느덧 여행의 끝이 보이고 있었다. 45일의 일정 중 한 달이 지나는 시점이어서 몸도 마음도 지쳐 가고 있었다. 여름의 고대 도시 로마는 뜨거운 태양과 수많은 관광객이 내뿜는 열기로 한창이었다. 유적지마다 길게 줄이 늘어서 있었고, 나는 그들의 에너지에 취한 채 그저 걷기에 바빴다. 나는 긴 여행으로 생긴 다리 염증으로 고생했다. 매일 소염제를 먹고 약을 바르고 밤새 다리에 얼음찜질을 해서 부기를 빼야 다음 날의 일정을 겨우 소화할 수 있었다. 그래서 일정을 최소화하거나 걸음을 줄이고 기름진 음식과 술은 자제했다. 다리는 괜찮아졌지만 여행의 재미는 퇴색된 상태였다. 그러다 문득 내 안에서 '위험을 감수하지 않은 기쁨이 있었던가?' 하는 개

똥철학이 고개를 들어 나를 설득했다. 특히나 며칠 남지 않은 로마에서의 시간과 더운 날씨 그리고 시원한 맥주 앞에서 내 참을성은 오래 버티지 못했다. 오랜만에 마신 술에 금세 취기가 올라왔다. 취기는 공복감을 불러왔고, 나는 숙소 옆 파스타 가게에서 4유로짜리 토마토 파스타를 사 들고 근처 광장으로 향했다.

그날은 로마에 머문 지 나흘째 되던 날이었고, 기어코 일이 벌어졌다. 나는 군중 속에서 오랜 역사를 견뎌 온 로마의 밤을 바라봤다. 파스타 한 입과 맥주 한 모금이 만든 시간에 취해 생각보다 오래 그곳에 머물렀다. 그러나 결국 피곤함을 느껴 자리를 털고 일어났고, 사람들이 가득한 광장을 지나 마트로 향했다. 10시 이후에는 술을 팔지 않기 때문에 그 전에 사야 했다. 마지막이 될 맥주 한 병을 들고 방에 돌아와 항상 하던 습관처럼 지갑과 핸드폰을 침대 위로 던졌다. 왼쪽 호주머니에 있던 검정 카드 지갑은 허공을 가르면서 침대 위로 떨어졌지만 오른손은 빈손이었다. 뒷주머니도 비어 있었다. 나는 순간 망연자실했다. 새로 산 최신형 스마트폰이었다. 여행 내내 나의 컴퓨터이자 전화기이며 카메라였던 소중한 물건이 사라진 것이다. 시발. 익숙하지 않은 욕이 가늘게 새어 나왔다. 술 때문에 희미하던 정신이 탄산수처럼 터져 나왔다.

내 행적을 복기하면서 첫 번째로 간 파스타 가게, 그곳은 이미 문을 닫은 상태였다. 내 기억에 그곳에서는 계산만 하고 바로 나왔고 주변에 사람도 없었기에 핸드폰이 있을 것 같진 않았다. 두 번째로 간 광장, 내가 앉았던 자리는 이미 다른 사람의 차지가 되어 있었다. 그들에게 물었다. “내 스마트폰 봤어?” 그들은 “우린 정말 못 봤어”라고 대답했다. 그들이 가지고 있다고 해도 돌려줄 확률은 극히 낮았지만 혹시나 하는 마음이었다. 잠깐 대화를 나누었던 독일 학생들에게도 물었지만 그들 역시 알지 못했다. 주변 사람에게 핸드폰을 빌려 전화를 걸었다. 신호는 가지만 받지는 않았다. 다급하게 세 번째 장소인 마트로 향했다. 점원들에게도 물었지만 못 봤다는 대답만 돌아왔다. 사실 최신형 스마트폰을 길에서 주웠다는 것은 수십만 원을 주운 것과 같기 때문에 찾을 수 없는 것은 당연해 보였다.

다리의 통증이 심해졌고 상실감이 증폭되기 시작했다. 핸드폰이 어느 시점에 어디서 사라졌는지 전혀 가늠이 되지 않았다. 한 달여의 시간 동안 나의 여행기가 사라진 것 같은 느낌이었다. 열대 우림이 순식간에 사막이 되는 것처럼 베를린과 런던, 베네치아, 피렌체, 시에나, 피사, 로마의 기억이 사라지는 것 같았다. 사진과 함께 동기화된 시간과 공간의 기억이 흐려졌다. 자책과 괴로움이 동시에 찾아왔다. 나는 왜 잘 참았던 술을 마신 것인가. 왜 나는 파스타를 먹으러 나간 것인가. 전날에도 보았던 광장의 밤을 왜 또 보아야만 했는가. 나는 왜 충분히 맥주를 마셨음에도 마트에 들러 굳이 한 병을 더 샀는가. 이렇게 스스로 여행을 망쳐버릴 수가 있단 말인가. 나의 모든 행동과 행적 하나하나를 아프게 꼬집었다. 그렇게 밤늦도록 자책의 시간이 이어졌다.

*

기억은 어디에 남는가? 당연히 뇌에 남겠지만 보고 경험했던 모든 일이 기억에 남지는 않는다. 이런 한계는 스마트폰이 보편화되면서, 다시 말해 손쉽게 사진을 찍고 글을 남길 수 있는 시대가 되면서 다른 국면을 맞이했다. 누구를 만나고 무엇을 했는지, 어떤 생각을 하고 있었는지, 기억력보다 스마트폰의 저장 장치에 의존하게 되었다. 그건 스마트폰을 잃어버린 내가 가장 분명하게 느끼는 점이었다. 아침에 눈을 뜬 나는 아직 15일이라는 여행 일정이 남았음을 깨달았다. 상실감에 휘둘려 여행을 망칠 수는 없었다. 나는 핸드폰을 찾을 수 없다는 걸 깨닫고 마음을 다스리기로 했다.

로마에서의 마지막 일정은 도시 외곽에 있는 카타콤베Catacombe였다. '안식처'라는 뜻을 가진 묘지이자 예배당이었다. 버스를 타고 40여 분을 달려 도착한 곳은 2~4세기 사이에 조성된 산 칼리스토의 카타콤베Catacombe di San Callisto였다. 로마 인근에 있는 25개의 카타콤베 중 규모가 가장 큰 곳이었다. 1854년 한 고고학자가 발견한 이곳은 사이프러스 나무가 줄지어 서 있는 고즈넉한 시골 마을에 있었는데, 팻말이 없었다면 알아볼 수 없을 만큼 평범하게 보였다. 당시 사람들은 거대한 무덤이 땅 밑에 있었다는 사실을 알게 되었을 때 어떤 생각을 했을까? 농사를 짓고 정원을 가꾸던 평범한 마을이 죽음을 향한 신앙과 신념의 공간으로 알

〈산 칼리스토의 카타콤베Catacombe di San Callisto〉

려지기 시작했을 때 사람들의 표정이 궁금해졌다.

지하 동굴에 조성된 무덤은 총길이가 20킬로미터에 달하기 때문에 가이드의 안내에 의해 주요 장소만 관람할 수 있었다. 가이드는 카타콤베의 역사와 구조에 관한 기본적인 설명과 주의 사항을 전하곤 우리를 지하로 안내했다. 그를 따라 계단을 따라 내려가자 지하 세계의 습하고 차가운 기운이 느껴졌다. 어둡고 폭이 좁은 길이 이어졌다. 5개의 층으로 이뤄진 공간에 10만 개의 무덤이 있었다고 했다. 2미터 정도 높이에 3명의 무덤이 층층이 쌓여 있는 구조였다. 동굴 벽을 만지자 물기를 머금은 석회암 알갱이가 느껴졌다. 찬 기운이 손끝에서 팔을 타고 목으로 올라와 등줄기를 훑고 지나갔다. 끝없는 미로 공간에 자신의 부모와 자식을 뉘었던 초기 그리스도교인의 모습이 떠올랐다. 그들은 죽음으로 자신의 신념을 증명했을 것이다. 삶과 죽음이 하나라고 되뇌었던 그들에게 이곳의 어둠 또한 빛나고 있을지 모르는 일이었다. 나는 뜨거운 태양과 짙은 초록의 사이프러스 나무 아래 공간에서 엄숙함을 느꼈다. 그리고 그 느낌은 그간의 일정 중 가장 선명하게 남겨졌다.

어둠에서 밝음으로 나아가는 계단에 올라섰다. 한 계단씩 밟고 올라섰다. 출구에 다다랐을 때 사진 촬영을 금지한다는 경고 문구를 발견했다. 사진 촬영을 할 수 없다는 것은 오로지 오감을 이용해 공간을 감각하고 머릿속으로만 기억을 떠올려야 한다는 걸 의미했다. 무덤을 나와서도 여운이 계속된 것은 기계로는 담을 수 없는 본질적인 무언가를 감각했기 때문이었다. 그러자 잃어버린 그 물건이 하찮게 느껴졌다. '나의 스마트폰'이 '그 물건'이 된 순간 그제야 나는 스마트폰으로부터 멀어질 수 있었다.

"소중한 것은 눈에 보이지 않는다"라는 《어린 왕자》의 문구처럼 가장 소중한 것은 사진으로 남길 수 없다. 시간과 공간을 온전히 기억하는 것은 오직 나의 감각과 체험뿐이다. 스마트폰으로 마구 찍어 댄 수천 장의 사진과 동영상은 본질과는 동떨어진 것이었다. 그렇게 생각하자 이상하게도 한결 마음이 편해졌다.

프레임 바깥의 세상

형식을 바꾼다는 것은 어떤 의미일까?

밤새 내린 눈으로 세상이 하얗다. 파스스, 나무에 앉은 눈이 무게를 못 견디고 떨어지면서 바람을 타고 흩날린다. 나는 연무처럼 뿌연 대기를 뚫고 걸음을 걷다가 습관적으로 뒤를 돌아본다. 아무도 없다. 혼자 하는 산행이라 자연이 만드는 모든 소리가 스산하게 느껴진다. 그 스산함이 인기척이 되어 주변을 돌아보게 만든다. 띡, 드르르. 인공적인 소리가 정적을 깬다. 나는 나무 사이 묘하게 강렬한 빛이 스며드는 곳으로 시선을 옮겨 셔터를 누른다. 띡, 하는 셔터 소리가 허공으로 사라져 버린다. 멀리 파란 옷을 입은 사람이 외로운 산행을 하는 모습이 보인다. 여기는 제주도다.

세 달간의 긴 프로젝트를 마감하고 혼자 떠난 휴가였다. 한라

산이 눈에 덮였다는 소식에 급하게 비행기 티켓을 끊었다. 이번 제주 여행의 테마는 카메라였다. 일회용 카메라 두 개로 여행의 기록을 남기고 싶었다. 보통의 수동 카메라가 조리개의 사이즈를 줄이거나 키우는 방법, 셔터 스피드를 조절하는 방법, 필름의 감도를 조절하는 방법을 통해 빛을 통제할 수 있다면, 일회용 카메라는 세 가지 변수를 조절할 수 없다. 이미 기계에 내장된 변수를 통해서만 사진을 찍어야 했다. 그 때문에 나는 사진으로 남기고 싶은 피사체 앞에서 더 많이 고심하고 빛에 대해 끊임없이 감각해야만 했다. 나는 이러한 일회용 카메라의 우연과 불확실성이 좋았다.

눈이 소복하게 쌓인 한라산은 빛으로 가득했다. 맑은 하늘을 관통해 내리쬐는 태양과 그만큼의 빛을 맹렬히 반사해 내는 눈의 입자 하나하나가 한라산을 빛나는 거대한 수정처럼 만들었다. 여기선 어디 곳에 카메라를 드리워도 필름이 하얗게 타 버릴 것 같았다. 반면에 눈이 없는 제주의 겨울 바다는 누구도 모르게 침잠하는 세계처럼 차분하고 어두웠다. 바다 가운데 떠 있는 것 같은 빨간 등대도 채도를 잃어 생기가 없었다. 내 눈에 들어오는 피사체들은 하나같이 외로움으로 가득해 보였는데 그래서인지 한라산의 눈 덮인 나무를 털어 바닷가 마을에도 뿌려 주고 싶은 마음이 들었다.

나는 여행에서 종종 이런 종류의 제약을 적용하곤 한다. 형식의 변주가 내용을 풍요롭게 만들 수 있다는 일종의 믿음 때문이다. 예를 들어 이동 방식을 다르게 하는 것만으로도 여행의 내용은 달라진다. 유럽에 가기 위해 직항 비행기를 탈 수도 있지만 경유지를 몇 군데 정해 두고 시차에 조금씩 적응해 가며 여행을 할 수도 있다. 그런가 하면 배를 이용해 블라디보스토크에 가서 시베리아 횡단 열차를 타고 유럽으로 이동할 수도 있다. 이런 변화는 글을 쓸 때나 콘텐츠를 만들 때도 똑같이 적용된다. 내용이 어떤 형식에 담기느냐에 따라 타인에게 전달되는 느낌이 180도 달라진다.

건축은 말할 것도 없다. 형식에 해당하는 구조와 공간 구성, 가구 배치, 조명, 소품, 색상 코드 등 인테리어의 요소에 변화를 줌으로써 내용에 해당하는 분위기를 전혀 다르게 표현할 수 있다. 빈 공간에 벽 하나를 세워도 그 각도와 방식에 따라 의도가 담긴 고유한 공간이 되는 것이다.

*

20세기 초반 유럽에서는 입체주의와 다다이즘 같은 기존 형식을 비튼 예술 사조가 생겨났다. 다다이즘의 대표작인 마르셀 뒤샹Marcel Duchamp의 샘Fontaine뿐만 아니라 한스 아르프Hans Arp의 우연의 법칙에 따라 배열된 사각형이 있는 콜라주Squares Arranged According to the Laws of Chances는 그림을 그릴 때 색종이나 신문을 불규칙하게 오려 캔버스 위에 던지고 그것이 만드는 형상을 표현한 작품이

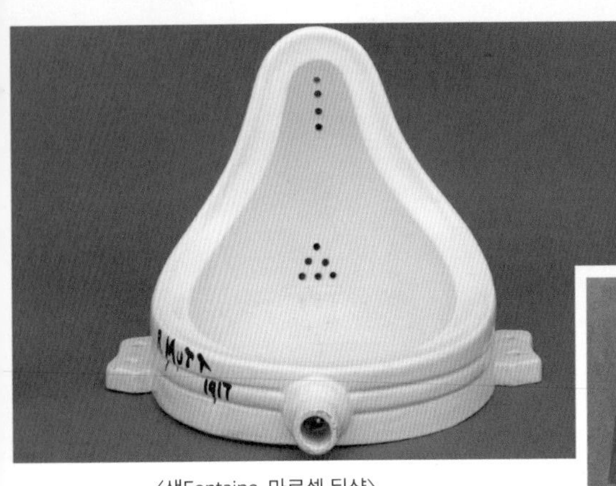

〈샘Fontaine, 마르셀 뒤샹〉

〈우연의 법칙에 따라 배열된 사각형이 있는 콜라주
Squares Arranged According to the Laws of Chances, 한스 아르프〉

다. 그들은 작품의 세계에 우연을 끌어들이며 기존의 형식을 벗어나고자 했다. 소설가 조르주 페렉Georges Perec 역시 주목할 만한 작가 중 한 명이었다. 그는 전위적 문예 집단 '울리포OuLiPo'에서 활동하면서 형식과 구조를 새롭게 설정하고 제약함으로써 예술성을 창조하는 방식의 글을 썼다. 그는 알파벳 'e'가 없는 단어로만 《실종La Disparition》을 썼고, 반대로 모음 'e'만 사용해 《돌아온 사람들Les Revenentes》을 완성했다. 지독할 정도로 형식을 제약하는 방식은 그의 실험적 사고를 엿볼 수 있는 대목이다.

21세기 이후 건축에서 형식을 비틀어 전위적인 건축을 하는 대표적인 집단은 비야케 잉겔스Bjarke Ingels가 설립한 비야케 잉겔스 그룹BIG일 것이다. 그들이 만들어 내는 건축 언어는 놀라울 만큼 명쾌하고 단순하다. 동시에 큰 영감을 불러일으킨다. 2010년 코믹북 《예스 이즈 모어Yes is More》를 통해 다양한 맥락과 사건 속에서 건축이 어떻게 진화하는지 밝혔다. 책 제목인 'Yes is More(긍정이 더 많은 것을 가져다준다)'는 전위적인 건축 방법론에 대한 탐구와 노력을 현실에 접목하자는 긍정적 메시지를 던진다. 그들의 선언은 유력한 건축가들의 지지를 받으며 더욱 확산되었다. 미스 반 데어 로에Mies van der Rohe의 'Less is More(적을수록 좋다)'나, 로버트 벤추리Robert Charles Venturi Jr.의 'Less is a Bore(간결함은 지루하다)', 렘 콜하스의 'More is More(많은 것은 더 많은 이야기를 담고 있다)'같이 오마주와 패러디의 대상이 되었다.

그들의 초기 건축을 이해하기 위해 2015년 뉴욕에 완공한 비아 57 웨스트VIA 57 West 프로젝트를 살펴보자. 이 프로젝트의 사이트는 이름에서 알 수 있듯 허드슨강에 가까운 맨해튼 57번가 서쪽에 있다. 대지는 맨해튼의 단위 블록 형태를 따라 장방형 직사각형이며, 단변이 허드슨강에, 장변이 도로와 인근 블록에 면하는 구조다. 발주처가 개발하려는 건물 용도는 주거 시설이었다. 여기에서 형식을 비트는 BIG의 설계 방법론이 등장한다. 그들은 유럽에서 주로 볼 수 있는 블록 단위의 중정형 저층 주거와 맨해튼의 상징인 고층 주거를 결합하는 것을 목표로 삼았다.

〈판스워스 하우스Farnsworth House, ‘Less is More’ 미스 반 데어 로에〉

〈바나 벤추리 하우스Vanna Venturi House, ‘Less Is Bore’ 로버트 벤추리〉

〈빌라 달라바 Villa Dall’Ava, ‘Less is More’ 렘 쿨하스〉

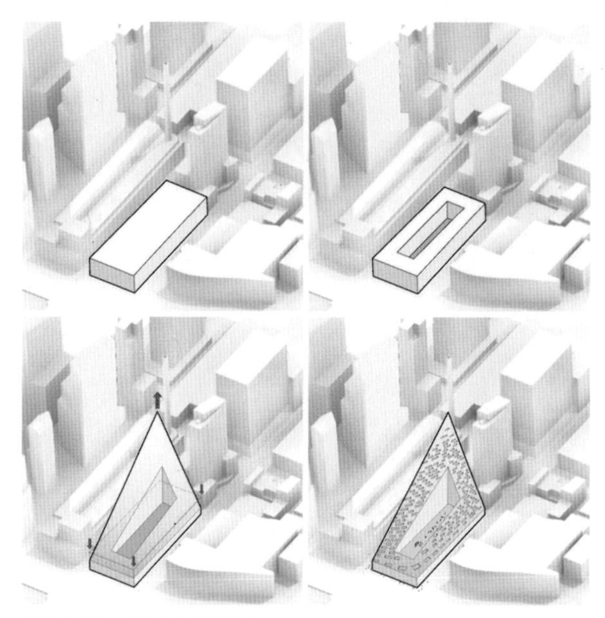

〈VIA 57 West 다이어그램, BIG〉

문제는 블록의 구조였다. 허드슨 강변에 면한 블록이 짧았고 도로를 면한 블록이 길었다. 사실 이 대지가 주거 시설로 강점을 드러낼 수 있는 부분은 '허드슨강을 바라보는 뷰'인데 블록의 형태는 반대인 것이다. 그들은 해결책을 간단한 다이어그램으로 표현했다. 첫 단계는 중정이 있는 저층형 직사각형 건물을 만든 뒤 허드슨강에서 직선거리가 가장 먼 북동쪽의 한 점을 137미터 지점까지 끌어 올린다. 그렇게 되면 저층부터 고층까지 모두 허드슨강을 바라보는 거주 환경이 만들어진다. 또한 각 세대가 마주보는 뷰를 피하기 위해 사선으로 돌출된 베란다를 계획했다.

사실 그들의 작업은 평범한 건물의 한 꼭짓점을 수직 방향으로 극단적으로 늘인 것밖에 없다. 하지만 이 작은 발상의 전환으로 중정과 고층 주택이 공존하는 주거가 완성되었다. 그들의 작업은 형식을 비튼 새로운 형식의 건축을 제시한다.

여러 분야의 전위적 태도에 대해 이야기했지만 세상 모든 사람이 전위를 추구하거나 따를 필요는 없다. 다만 조금만 비켜서서 시각을 달리하면 다른 풍경을 볼 수 있다는 점을 말하고 싶다. 도시 공간을 새롭게 경험하는 것에도 거창한 주의나 선언은 필요하지 않다. 다만 자신의 차에서 내려 걸어 보는 작은 실천 하나면 충분하다. 답답한 프레임에서 벗어나면 이전에는 무심코 스쳐 지나갔던 도시의 사물과 사람이 눈에 들어올 것이다. 바닥의 블록이 어떤 모양인지, 버스 정류장은 어떻게 생겼는지, 가로수는 얼마나 크게 자랐는지, 맨홀 디자인은 어떻게 되어 있는지, 거리를 걷는 사람들의 표정은 어떤지 말이다.

〈VIA 57 West, BIG〉

독일 남부의 크리스마스

진짜가 가진 힘은 무엇일까?

연말을 맞아 백화점에 들렀다. 트리와 장식, 전구 등 생활용품을 판매하는 층은 사람들로 북적였다. 내 시선은 한 외국인 가족에게서 멈춰 섰다. 아주머니 한 분이 진열되어 있는 크리스마스트리를 일일이 손으로 만지면서 남편에게 눈살을 찌푸렸다. "Where Can I Get a Real Tree From(어디에 가야 진짜 나무를 살 수 있는 거야)?" 이 가족은 아마도 한국에 와서 첫 크리스마스 시즌을 맞아 '진짜 트리'를 사러 백화점에 온 상황인 듯했다.

동서양을 막론하고 플라스틱 트리만으로도 충만한 크리스마스를 보내는 사람들도 있다. 그런 사람들에게 트리란 재질의 문제가 아니라 어두운 밤 거실 한구석을 밝히는 상징적인 의미가 더 클 것이다. 특히 우리나라에서 크리스마스란 종교적으로 중요한 날이라기보다는 연말의 낭만적인 분위기를 낼 수 있는 휴일로 인식된다. 하지만 서구권에서는 종교적·문화적으로 1년 중 가장 중요한 날로, 한두 달 전부터 크리스마스를 준비한다. 거리마다 크리스마스 마켓이 열려 '진짜 트리'를 판매하는 곳도 쉽게 발견할 수 있다.

무엇이 진짜이고 무엇이 가짜일까? 그와 관련해 앞서 '분위기'를 설명하며 언급한 바 있는 발터 벤야민을 다시 한번 언급해야 하겠다. 그는 《기술복제시대의 예술 작품》에서 원본과 복제품의 차이는 작품에서 나오는 '아우라'에 있다고 말했다. 여기서 아우라는 '진품에 대한 인간의 열망과 감동'을 의미한다. 아우라는 예술 작품의 영역을 넘어 일상적 물건이나 인간관계, 사회 현상 전반에 걸쳐 적용 가능한 개념이다. 내가 백화점에서 만난 외국인 가족의 고민은 가짜 트리가 갖는 '아우라의 부재'에서 비롯된다고 볼 수 있다.

*

내게도 유일한 경험으로 남을 '진짜 크리스마스'의 기억이 있다. 독일 남부의 한 시골 마을에서의 추억이다. 당시 런던에서 유학하던 중에 독일에 사는 친구와 연말을 보내기 위해 놀러갔다. 내가 묵을 곳은 친구의 독일인 여자 친구의 집이었고, 그녀는 그곳에서 아버지와 함께 살고 있었다. 그곳은 주인의 취향이 잘 묻

〈드래건 하우스 입구〉

어났다. 나와 친구는 그녀의 아버지를 파파리노로 불렀다. 그는 아동 인형극을 하는 사람으로 언어 표현이나 표정에서 따뜻함이 느껴졌다. 그의 집 현관에는 그가 직접 만든 용 조각이 걸려 있었다. 놀이동산 입구의 친근한 캐릭터 조각처럼 초대된 사람을 환영해 주었다. 친구와 나는 그의 집을 '드래건 하우스'로 불렀다. 그가 손수 지은 집 한가운데에는 3층까지 연결된 거대한 난로가 있었고, 난로 벽에는 아기자기한 타일 조각이 붙어 있었다. 우리는 집에 들어가 겉옷을 걸어 두고 아궁이에 나무를 넣었다. 그러고는 위층에 올라가 난로에 등을 대고 앉아 차를 마시며 얼었던 몸을 녹였다. 원형 벽기둥 난로에 등을 대고 앉았기 때문에 우리

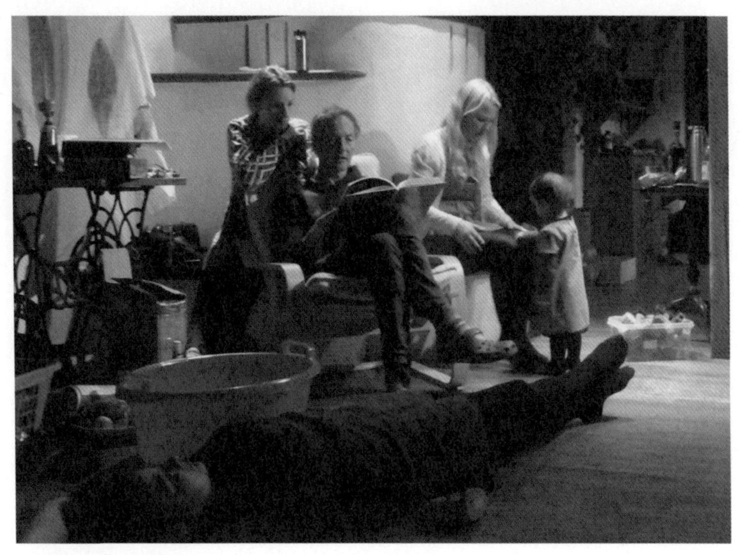

〈벽난로에 모인 가족들〉

는 서로를 바라보지 않고 각자의 시선 속에서 대화하곤 했다.

독일 남부의 시골은 한적했다. 동네에는 빵집과 정육점이 하나씩 있고 10분 정도 거리에 큰 마트가 있었다. 우리는 인근 도시의 마을 광장에 열린 크리스마스 마켓에서 선물과 소품을 사고 따뜻한 글루 와인을 마셨다. 프랑스에서는 뱅쇼라고 부르는 이 와인은 추운 몸을 데우는 데 탁월한 효과를 보였다. 우리는 또한 크리스마스를 위해 트리를 장만하기로 했다. 트리는 난로 곁에서 연말 분위기를 더욱 따뜻하게 만들어 줄 것이었다. 마을 근처에 들러 진짜 트리를 골랐는데, 이미 잘라 놓은 나무도 있고 농장을 돌며 사고 싶은 나무를 고를 수도 있었다. 우리는 드래건 하우스에 어울릴 만한 크기면서도 풍성한 가지가 있는 나무를 골랐다. 나와 친구가 나무를 양쪽으로 나눠 메고 차에 옮겨 실었다. 그러면서 진짜 트리가 놓일 집을 상상했다. 어쩌면 그들에게 트리를 놓아두는 것은 우리가 명절에 음식을 준비하는 것처럼 중요한 의식은 아닐까 생각했다. 한편으로는 우리에게 크리스마스트리처럼 명절을 지내기 위해 오랜 시간에 걸쳐 준비하는 무언가가 없다는 것에 아쉬움을 느꼈다.

하루는 친구 커플을 따라나섰다. 친구 여자 친구의 엄마를 만나기 위해서였다. 부모가 함께 살지 않는 그녀의 가족사가 궁금해졌다. 후에 들어보니 그녀의 부모는 오래전 이혼을 했고, 각자 새로운 가정을 꾸리며 살다가 아버지는 새어머니와 사별했다는 것이었다. 그리고 그녀의 이복동생은 남아공으로 일을 하러 떠났다고 했다. 특별한 점은 그녀의 부모가 각자 재혼 후에도 모든 가족과 함께하는 모임을 지속했다는 것이었다. 한국 사회에서는 상상도 하지 못할 가족의 형태였다. 상황을 정리하자면 그녀의 친엄마와 새아빠, 동양인 남자 친구와 그의 친구가 함께 연말을 보내는 상황이었다. 가벼운 마음으로 출발했지만 상황을 정리하고 보니 민폐도 이런 민폐가 없었다.

우리는 그녀의 가족을 만나 차를 타고 어딘가로 향했다. 해가 짧아 금세 어두워진 시골길을 달려 간 곳은 거대한 축사였다. 크리스마스를 맞이해 공연을 한다는 것이었다. 멀리서 소 울음소리가 들리고 분비물의 향이 진하게 풍기는 그곳에 소박한 무대

〈축사에서 열린 크리스마스 공연〉

가 꾸며져 있었다. 볏단으로 만든 의자에는 이미 많은 사람이 앉아 있었다. 서로의 안부를 묻는 인사가 오가고 우리도 자리를 잡았다. 공연은 마구간에서 태어난 예수를 그리는 연극이었다. 세 명의 동방박사가 등장했는데 대부분의 배역이 어린아이였다. 나는 독일어를 몰랐지만 그곳의 분위기와 표정으로 대략의 상황을 짐작했다. 연극이 진행될수록 지난 며칠간 독일의 시골 마을에서 지낸 시간이 낯설게 느껴졌다. 헛간의 공연이 끝나고 나오자 캄캄한 하늘에서 별이 쏟아져 내렸다.

이곳 사람들에게 크리스마스란 소소한 삶의 조각을 만끽하며 하루하루 가족과 함께 보내는 일이었다. 아침이면 산책을 하고, 갓 구운 빵을 사와 아침을 먹으며 대화를 나누고, 크리스마스 마켓에서 선물을 사고, 따뜻한 와인을 마시고, 아이들은 놀이 기구를 타고, 집에 어울릴 법한 좋은 나무를 골라 취향대로 장식한다.

서로 보기 힘들었던 가족이 만나 시간을 보내고, 가족의 경계를 보기 좋게 허물며 함께 보듬어 살아가고, 크리스마스의 의미를 다지는 공연을 보고, 집에 돌아와 따뜻한 기운 속에서 긴 밤을 보내는 일상. 화려한 네온사인과 소음이 넘쳐 나는 도시의 크리스마스가 아니라 시골에서의 긴 밤은 평생 잊지 못할 순간이 되었다. 무엇이 진짜 크리스마스이고, 무엇이 진짜 가족인가? 정답은 없다. 다만 독일 남부의 한적한 마을에서 보낸 크리스마스만큼은 어디에서도 경험할 수 없는 '아우라'를 경험하게 했다.

여행 일정이 끝난 이른 새벽, 차가운 습기를 머금은 공기와 땅을 느끼며 드래건 하우스를 떠났다. 정작 크리스마스와 연말은 슈투트가르트와 뮌헨에서 보냈는데, 이미 진하고 깊은 경험을 한 후여서인지 여행자만 남은 도시의 시간은 공허했다. 타국의 백화점에서 진짜 트리를 찾던 외국인의 표정이 이해됐던 것도 바로 그때의 소중한 시간이 있었기 때문이었다.

안개로 가득한 집

비가시적인 공간에서 무엇을 발견할 수 있을까?

어느 여름, 포항을 방문했다가 그곳에서 공부하는 친구를 만나 간단히 점심을 먹고 헤어졌다. 그와의 만남이 유일한 일정이었기에, 나는 포항 관광 지도를 보며 다음 목적지를 찾았다. 그러다 선택한 것이 포항 내연산이었다. 생소한 이름이었음에도 마음이 끌렸다. 산길 초입의 보경사 경내를 둘러본 뒤에 본격적인 산행을 시작했다. 산길의 작은 폭포에는 물놀이가 한창이었다. 나는 바위에 앉아 물로 뛰어드는 아이들과 튜브에 매달려 노는 사람들, 물보라가 사방으로 튀어 오르는 광경을 바라봤다.

얼마간 시간을 보낸 뒤에 산행을 이어 나갔는데, 이따금씩 보이던 등산객들이 점점 보이지 않기 시작했다. 길을 잘못 든 것 같았다. 하지만 정상으로 가면 모든 게 해결될 거라는 생각으로 스스로를 다독였는데, 사위가 어두워질수록 마음이 조금씩 흔들리기 시작했다. 이대로 산행을 계속할 것인지 하산할 것인지 갈등이 됐다. 고민 끝에 하산을 결정하고 돌아가려는데 문제가 발생했다. 탈수 증상 탓인지 다리에 힘이 들어가지 않았다. 조금만 걸어도 숨이 막히고 다리도 마음대로 움직이지 않았다. 걷다 쉬다를 반복할수록 마음이 불안해졌다. 주위는 완벽한 어둠이었고 나는 모든 감각을 깨워 바짝 곤두선 상태로 걷기 시작했다. 평소 등산을 좋아하지 않아서 산행도 자주 하지 않았으므로 어둠에 갇힌 산을 혼자 내려오는 것은 한번도 상상해 보지 못한 장면이었다. 공포심과 탈수 증상으로 자리에 주저앉고 말았다. 산행을 결정한 자신을 질책했다. 다른 한편으로는 생의 의지가 더 커져 감을 느꼈다.

그때 눈에 들어온 것은 계곡물이었다. 나는 전쟁 영화에서 굶주림과 탈수 때문에 고통스러워하는 패잔병의 모습을 떠올리며 물속에 머리를 박았다. 물을 마시면 조금 더 오래 걸을 수 있었지만 한계는 다시 찾아왔다. 몸에 힘이 없었다. 친구와 먹은 이른 점심이 전부였다. 나는 먹을 것을 찾기 시작했다. 어둠 속에서 인간의 눈이 빛난다는 것을 그때 처음 알았다. 나는 물놀이를 하던 사람들이 버리고 간 포도 껍질을 찾아냈다. 새콤달콤한 것이 몸에 들어가자 힘이 났다. 그렇게 내려가다 다시 한계가 올 때쯤 바위 옆, 누군가 베어 문 자국이 선명한 사과 반쪽을 찾아 한입에 먹었다.

여기에서 모험이 마무리된다면 좋겠지만 세상은 그렇게 호락호락하지 않았다. 암흑 속에서 나는 내가 아닌 다른 존재의 빛나는 눈을 발견했다. 멧돼지 무리였다. 크기를 보아 새끼 멧돼지 같았는데, 무리가 있다는 건 주변 어딘가에 어미가 있다는 걸 의미했다. 나는 꼼짝도 할 수 없었다. 그러다 조심스레 앞으로 걸었고, 어느 순간 달리기 시작했다. 이성적 판단은 온데간데없이 무작정 달렸다. 내가 뛰자 새끼 멧돼지도 크게 놀라며 반대편 숲으로 뛰었다. 깊은 산골 어둠 속 보이지 않는 세계에서 나는 공포와 탈수, 허기와 힘겨운 전투를 벌였고 모든 감각을 이용해 마침내 살아남았다.

*

장황하게 나의 생존담을 이야기한 것은 어둠 속에서 밝게 빛나던 시각이라는 감각에 대해 이야기하고 싶기 때문이다. 원근법은 중세에서 르네상스 시대로 넘어가며 생겨난 개념으로, 신본주의에서 인본주의 사회로의 전환을 의미한다. 기존의 예술 작품이 신을 비롯한 중요한 인물에 그림의 구도를 맞췄다면, 원근법은 눈에 보이는 그대로 그릴 수 있게 되었다는 자유를 의미한다. 보는 행위가 대체 불가능한 본질적 감각으로 인식되면서 시각은 모든 작품에 가장 중요한 가치로 자리 잡았으며 또한 다양한 방식으로 발전·변주되었다.

〈예술가가 여기에 있다Artist Is Present, 마리나 아브라모비치〉

행위 예술가인 마리나 아브라모비치Marina Abramovic는 2010년 예술가가 여기에 있다Artist Is Present라는 작품을 통해 보는 것과 보이는 것이 전부가 아닌 세계의 이면을 보여 주었다. 뉴욕 현대미술관MoMA에서 열린 이 퍼포먼스는 탁자 하나와 의자 두 개가 전부다. 그녀는 의자에 앉아 사람들을 기다리고, 참가자들은 반대편 의자에 앉아 그녀와 무언의 대화를 나눈다. 그들은 짧은 시간 동안 말없이 서로를 마주 보며 교감한다. 참가자는 눈물을 흘리거나 웃음을 짓거나 알 수 없는 표정을 짓는다. 그들이 어떤 대화를 나눴는지는 시각의 주체인 본인만 알 수 있다. 그녀는 마주 보는 행위를 통해 타인의 시각 속으로 들고나는 경험을 가능하게 하며, 단단했던 세계에 균열을 일으킨다.

철학자 메를로 퐁티Maurice Merleau Ponty는 미완의 저작 《보이는 것과 보이지 않는 것Le Visible et l'invisible》에서 세계는 육체, 물건, 돈과 같이 보이는 것과 사랑, 정의, 마음과 같이 보이지 않는 세계로 구분되며, 두 세계가 직조되어 존재하는 것이 우리가 존재하는 공간이라고 이야기했다.

내연산에서의 나의 경험에 대입해 보자면 낮과 밤의 변화를 보이는 세계와 보이지 않는 세계의 관계로 생각할 수 있다. 낮의 선연한 초록과 회색빛 바위와 파란 하늘이 보이지 않게 되는 순간 나는 공포와 후회, 두려움 같은 보이지 않는 세계의 감정들에 지배당하게 된다. 시각이 사라지며 나의 세계가 현격하게 축소되고, 보이지 않는 나의 세계가 튀어나와 나의 감각 전체를 점령해 버린 것이다.

보이지 않는 세계의 감각은 안토니 곰리Antony Gormley의 2007년 작품 눈먼 빛Blind Light에서 확인할 수 있다. 그는 안개를 활용해 비가시성의 공간, 즉 보이지 않는 세계를 구현했다. 낮과 밤이 태양의 움직임에 따른 세계의 변화라면 안개는 습기의 대기 함량에 따라 나타나는 현상이다. 이때 안개는 밤이 의미하는 보이지 않는 세계의 속성을 지닌다. 짙은 안개 속에서 우리는 눈을 떠도 전혀 볼 수 없는 상태가 되기 때문이다. 안개가 끼기 전의 우리는 눈에 보이는 그대로 물질세계를 인식한다. 도시와 건축 그리고 풍경을 조망한다. 하지만 안개가 끼면 더 이상 물질세계의 형태는 인식할 수 없게 된다. 인간의 인식이 보이는 세계가 아니라 보이지 않는 세계로 옮겨 가는 것이다.

그는 〈눈먼 빛〉을 구현하기 위해 미술관 내부에 유리로 둘러싸인 공간을 만들어 안개로 가득 채웠다. 사람들은 그 공간에 들어가며 비가시성의 공간을 체험한다. 안개의 공간으로 들어가는 직접적인 경험뿐 아니라 안개로 가득 찬 유리 박스를 외부에서 바라보는 것 역시 전시의 일부가 된다. 보이는 세계와 보이지 않는 세계의 대비를 강렬하게 느낄 수 있기 때문이다. 보이는 세계에서 보이지 않는 세계로의 진입이 눈앞에서 펼쳐진다. 안개에 들어가는 순간 눈은 뜨고 있지만 소용이 없다. 보이지 않는 세계에서는 시각이 소거된 몸의 나머지 모든 감각을 사용한다. 사람들은 주변 사람과의 예측 불가능한 충돌을 통해 촉각의 감각이 강력해지고, 손을 뻗어 차가운 유리벽을 확인하며 세계의 끝을 가늠할 뿐이다. 안토니 곰리는 이 작품을 통해 표피적 자극을 넘어 영혼이 자극되기를 원했다. 그래서 어쩌면 눈이 보이지 않는 세계 곳곳에서 들려오는 타인의 숨소리와 목소리는 비가시적인 세계 속에서 유일한 소통의 방식인 것이다.

그러나 현실에서 보이지 않는 세계는 위험한 곳으로 여겨진다. 골목과 건물, 공원은 밝게 비추고 개방하고 투명해야 하는 강박에 시달린다. 투명한 유리가 건물을 뒤덮고 쇼윈도가 눈을 자극한다. 그곳에서 우리는 단지 눈에 보이는 화려함에만 시선을 빼앗긴다. 보이지 않는 세계 속에 가라앉은 진정한 의미와 이치를 놓친다. 안토니 곰리의 시도는 우리가 놓친 감각을 일깨우는 의미 있는 실험이다.

비유컨대 각자의 집에 안개로 가득한 공간을 만들면 어떨까? 표피적 자극만 가득한 세계에서 의식적으로 보이지 않는 공간을 만드는 것이다. 조명의 밝기를 낮추거나 텔레비전을 꺼 보자. 머지않아 보이지 않는 세계가 나에게 이야기를 건넬 것이다.

〈눈먼 빛Blind Light, 안토니 곰리〉

최초의 어루만짐

우리는 왜 건축을 손으로 만져야 할까?

나는 과거의 기억이 비교적 선명하지 못한 편인데, 가끔 친구들과 대화를 하다 보면 어린 시절의 기억을 생생하게 풀어내는 친구가 있다. 세 살 때의 기억이 난다거나 과장을 조금 더해 태어난 이후의 모든 기억이 선명하다고 말하는 경우도 있다. 그에 반해 나는 지난 3년 정도의 기억을 제외하고는 모든 것이 흐릿하다. 어린 시절의 기억, 특히 열 살 이전의 기억은 거의 전무하다. 떠오르는 것은 파편적인 잔상뿐이다.

한 가지 신기한 점은 어릴 적 기억들이 모두 손의 감촉과 연결되어 있다는 사실이다. 모래사장에서 두꺼비 집을 만들거나 땅따먹기를 하거나 비석치기를 하거나 정글짐에 메달렸던 기억 모두 그 당시 함께 놀았던 친구의 얼굴보다는 손의 감각만 남아 있다. 학교 칠판에 무언가 썼던 기억을 떠올려 봐도 그 내용보다는 분필의 마찰음이나 손의 진동이 먼저 생각난다. 가장 강렬한 기억은 시골집 담장을 넘어가는 거대한 비단뱀이었다. 거의 2미터가 넘는 뱀 앞에서 어린 나는 꼼짝도 하지 못했는데, 차고 미끈한 뱀의 피부를 만지고 난 뒤에 그때의 기억을 실감하게 됐다.

촉각은 생명체가 가장 먼저 획득한 감각이며 모든 감각의 출발은 피부에서 진화했다. 진화를 통해 빛을 감각하는 시각 기관이, 소리를 감각하는 청각 기관이 생겨났다. 태중의 한 생명이 커가는 과정을 다양한 감각과 신체 기관의 생장과 진화로 설명할 수 있는데, 피부에서 시작된 감각이 다양한 감각 기관으로 확장하는 모습은 감각의 원형이 촉각에 있음을 보여 준다. 소리는 달팽이관을 진동시켜 들리고 향기는 콧속으로 특정 냄새가 도달해야만 맡을 수 있다. 결국 나에게 와 닿아야 한다. 시각, 후각, 청각도 결국에는 사람의 몸에 도달해야 한다는 측면에서 촉각적인 특성을 보인다. 10개월이 지나 한 생명이 처음 세상에 나올 때에도 촉각은 최초의 감각이 된다. 양수가 터지고 세상으로 나가는 길목에서도 온몸의 피부는 거대한 압력을 견딘다. 이윽고 누군가의 손이 다가와 아이를 조심스레 잡는다. 그 어루만짐은 떨리는 아빠의 손이거나 단호하고 능숙한 산파나 의사의 손일 수도 있다. 눈을 뜨지도 못하고 숨을 채 내쉬지도 못한 아이는 온몸의 피부로 세상의 첫 공기를 느낀다. 결국 한 생명은, 한 아이는, 우리

모두는 누군가의 손에 의해 세상에서 가장 작은 집에서 거대한 세계로 옮겨지는 경험을 한다. 나와 세계의 관계는 최초의 어루만짐을 통해 출발한다.

피부에 닿은 태초의 감각은 바로 무언가로 뒤덮인다. 첫 번째는 옷이고 두 번째는 집이다. 그래서 인간에게 옷은 두 번째 피부, 집은 세 번째 피부라고 볼 수 있다. 몸을 보호하기 위해 옷을 만들고 비바람과 추위를 견디기 위해 벽과 지붕이 있는 동굴과 같은 자연 구조를 찾거나 움집을 짓는 건축이 본능적으로 이뤄졌다. 문명의 초기 단계에서 옷과 집은 실제로 피부의 확장으로 정의하는 데 큰 어려움이 없었다. 움집이나 텐트 구조의 집에서 살아가는 초기 인류를 상상해 보자. 집은 주변 환경에 끊임없이 반응했다. 거세게 불어오는 바람에, 내리는 비와 눈에, 야생 동물의 울음소리나 발소리에 반응했다. 우리가 캠핑을 가서 텐트에서 잠을 잘 때면 주변의 모든 소리와 현상을 그대로 받아들이는 경험을 하게 되는데 이와 같은 감각이 문명 초기의 인간에게는 있었던 것이다.

*

문명의 발전을 통해 제3의 피부인 집은 나와 타자를 분리하는 사회적 피부로, 경계는 시각적 단절로 그 의미를 확장한다. 사회적 환경과 취향과 미학적 요인을 통해 의미가 더해진다. 벽은 나와 타자를 나누는 경계의 도구로 활용된다. 어린 시절 짝과 다툴 때 책상 위에 연필로 그은 선처럼 말이다.

모든 것이 벽이 될 수 있다. 나무 한 그루도, 이정표 하나도, 바닥에 놓은 바위 하나도 대지의 경계가 된다. 바다와 육지를 나누는 해안선, 중세 시대의 성벽, 절대 군주의 위엄과 권위를 드러내는 궁전, 학교 둘레로 심은 나무, 군대의 초소, 서울시청 앞 광장의 잔디까지, 경계를 세운 집의 주인이 이렇게 말한다. "선에 닿지 말라. 벽을 넘지 말라. 이 선과 벽은 내 피부와 같다. 선과 벽을 넘는 것은 나의 육체를 위협하는 것과 같은 의미다."

집은 다양한 공간으로 구획되어 있다. 방, 거실, 주방, 화장실, 차고로 명확하게 분리된 공간에서 우리는 저마다의 일상을 보낸다. 완벽한 단열과 방음은 안과 밖의 차이를 더욱 강화하고 경계를 명확하게 만든다. 이제 벽은 태초의 그것처럼 더 이상 제3의 피부가 아니다. 벽은 촉각이 아닌 시각적 존재로 인식되어, 화려하게 꾸밀 수 있는 건축의 한 요소가 되어 버렸다.

2010년 상하이 엑스포의 영국관 씨앗의 성전Seed Cathedral은 기존의 시각적 존재였던 벽을 촉각적으로 인지할 수 있도록 했다. 영국관을 설계한 토마스 헤더윅Thomas Heatherwick은 영국을 드러내는 아이콘으로 '씨앗'을 선택했다. 영국이 세계에서 가장 많은 종자 표본을 보유하고 있기 때문이다. 그는 이를 표현하기 위해 밤송이처럼 6만 6천여 개의 촉수 다발이 건물의 안팎으로 표피를 이루는 작품을 만들었다. 실내의 투명한 촉수 끝에는 씨앗을 담아 두어 관람자가 볼 수 있게 만들었고, 바깥의 촉수는 바람에 따라 움직이기도 하고 실내로 빛이 투과되는 통로 역할도 한다.

우리가 장미의 가시나 깨진 유리, 칼, 연필 등 뾰족한 물건을 볼 때 피부의 통각을 먼저 인식한다. 실제 가시가 나의 피부를 뚫고 지나가는 일은 일어나지 않지만 마치 그런 듯 피부로 감각하는 것이다. 씨앗의 성전을 보고 있으면 수만 개의 다발을 쓰다듬고 싶다는 생각을 하게 된다. 동시에 피부를 찌르거나 스쳐 가는 감각을 느낀다.

촉각으로 감각하는 건축은 이처럼 전위적인 형태가 아니더라도 가능하다. 우리가 어떤 건축을 볼 때 만져 보고 싶다는 충동이 든다면, 그 건축은 촉각으로 감각하는 건축이다. 오래된 성벽이나 나뭇결이 살아 있는 기둥, 재료를 알 수 없는 벽이 궁금증을 불러일으킨다면 우리는 어루만짐으로써 그것의 실체를 확인할 수 있다. 인류 최초의 어루만짐이 손에서 시작된 것처럼, 우리는 세계를 이해하는 한 방식으로 건축을 향해 손을 뻗을 수 있다.

〈씨앗의 성전Seed Cathedral 내부, 토마스 헤더윅〉

〈씨앗의 성전Seed Cathedral 외부, 토마스 헤더윅〉

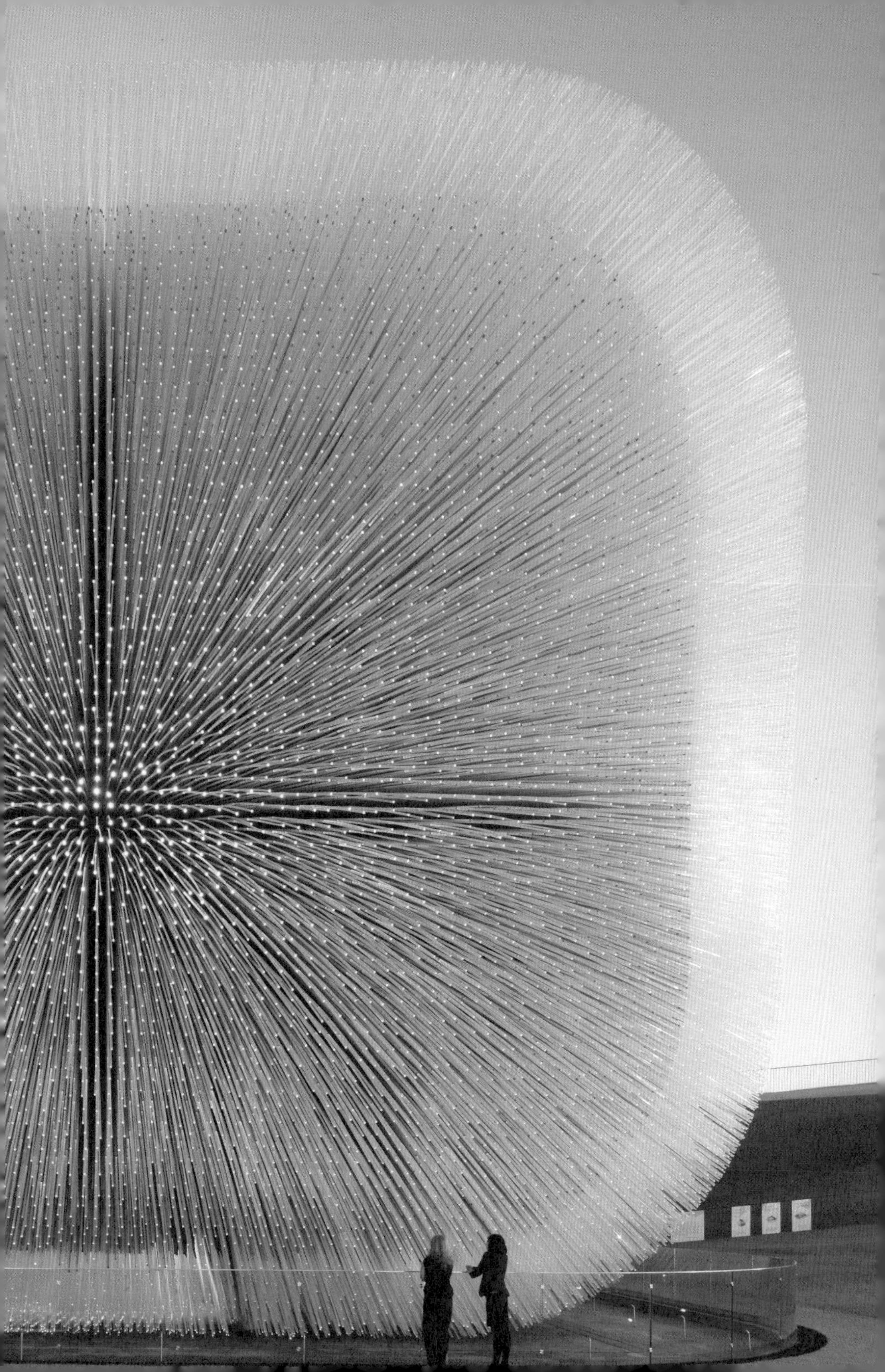

도시인이 가져야 할 지적 상식에 대하여

모든 공간에는 비밀이 있다

초판 1쇄 발행 2019년 11월 11일
초판 3쇄 발행 2023년 10월 25일

지은이 최경철
펴낸이 권미경
편 집 김건태
마케팅 심지훈, 조아라, 김보미
디자인 this-cover.com
펴낸곳 (주)웨일북
등록 2015년 10월 12일 제2015-000316호
주소 서울시 마포구 토정로 47 서일빌딩 701호
전화 02-322-7187
팩스 02-337-8187
메일 sea@whalebook.co.kr
페이스북 facebook.com/whalebooks

ISBN 979-11-90313-08-7 03540

이 도서의 국립중앙도서관 출판예정목록(CIP)은
서지정보유통지원시스템 홈페이지(http://seoji.nl.go.kr)와
국가자료공동목록시스템(http://www.nl.go.kr/kolisnet)에서 이용하실 수 있습니다.
(CIP제어번호: CIP2019041271)